输变电工程技经评审指南

国网河北省电力有限公司经济技术研究院　编著

中国水利水电出版社
www.waterpub.com.cn
·北京·

内 容 提 要

本书主要内容包括技经评审技术原则、变电工程评审审查清单、线路工程评审审查清单、典型专题，附录中收录了变电工程土建部分审查表、变电工程安装部分审查表、变电工程其他费用审查表、线路工程本体部分审查表、线路工程其他费用审查表。

本书既可供电网企业输变电工程各专业技术人员和各级管理人员阅读，也可供发电企业和电力用户有关人员参考。

图书在版编目（CIP）数据

输变电工程技经评审指南 / 国网河北省电力有限公司经济技术研究院编著. -- 北京 : 中国水利水电出版社, 2020.12

ISBN 978-7-5170-9176-9

Ⅰ. ①输… Ⅱ. ①国… Ⅲ. ①输电－电力工程－指南 ②变电所－电力工程－指南 Ⅳ. ①TM7-62②TM63-62

中国版本图书馆CIP数据核字(2020)第224213号

书 名	输变电工程技经评审指南 SHUBIANDIAN GONGCHENG JIJING PINGSHEN ZHINAN
作 者	国网河北省电力有限公司经济技术研究院 编著
出版发行	中国水利水电出版社 （北京市海淀区玉渊潭南路1号D座 100038） 网址：www.waterpub.com.cn E-mail：sales@waterpub.com.cn 电话：（010）68367658（营销中心）
经 售	北京科水图书销售中心（零售） 电话：（010）88383994、63202643、68545874 全国各地新华书店和相关出版物销售网点
排 版	中国水利水电出版社微机排版中心
印 刷	北京瑞斯通印务发展有限公司
规 格	140mm×203mm 32开本 4.75印张 128千字
版 次	2020年12月第1版 2020年12月第1次印刷
印 数	0001—1300册
定 价	**82.00**元

编 委 会

主　任　冯喜春　郭占伍

副主任　王林峰　吴希明　葛朝晖　高景松
王　涛

委　员　赵丙军　邵　华　魏孟举　徐　宁
张　菁　刘　洋　柴林杰

编 写 组

主　编　王林峰　徐　宁

副主编　王冬超　凌云鹏　刘　云

参　编　李维嘉　郭振新　赵　贤　王艳芹
陈　明　董　祯　赵　杰　王　勇
周　波　亓彦珣　赵子豪　徐　楠
宋　妍　聂　婧　李中伟　刘智虎
孙秀玲　赵欢欢　蒲俊风　刘　英

前言

输变电工程技经评审工作对于落实工程计价标准、合理确定工程造价、有效控制建设成本、提高投资效益具有重要作用，并逐步走向标准化、规范化、专业化。输变电工程造价精准管控，关系到电力经济效益和长远发展。建立工程造价清单化评审标准，合理控制工程造价，提高投资效益，既是实现电网建设精准投资的有效手段，也是公司目前提质增效的基本要求。

为加强输变电工程技经评审管理，统一评审原则，提高评审效率，《输变电工程技经评审指南》以输变电工程通用造价为基础，通过分析原有典型方案适应性，结合河北南网输变电工程特点，同时借鉴以往工程的设计、评审经验，优化提出评审注意事项，为技经评审人员实现精准造价管控提供参考。

限于编者水平，书中难免有疏漏不妥之处，恳请各位专家、读者提出宝贵意见。

编者

2020 年 9 月

目录

一、技经评审技术原则

（一）编制原则

技经评审指南在编制过程中与通用设计相协调，从工程实际出发，充分考虑电网工程技术进步、国家政策等影响工程造价的各类因素，提高评审效率，有效控制工程造价。

（1）处理好技经评审指南与通用设计的关系。在通用设计的基础上，按照工程造价的相关要求，做到编制原则、技术条件与通用设计典型方案相一致。

（2）处理好技经评审指南与标准参考价的关系。标准参考价是评价工程投资合理性、方案技术经济指标先进性的宏观管理标尺。在应用中通过将单位造价与标准参考价对比分析，加强工程造价管控。

（3）严格按照《电网工程建设预算编制与计算规定（2018年版）》（简称《预规》）规定，在建设费用构成、工程项目划分、审查清单结构等方面与之相匹配，做到有理有据、标准统一。

（二）编制依据

评审指南以概算书的表现形式体现，编制深度和内容符合现行《预规》要求，表现形式遵循《预规》规定的表格形式、项目划分和费用性质划分原则。评审清单编制依据性文件如下：

（1）国家电网有限公司关于发布《35～750kV 输变电工程

通用设计通用设备应用目录（2019 年版）》的通知（国家电网基建〔2019〕168 号）。

（2）《电网工程建设预算编制与计算规定（2018 年版）》（国能发电力〔2019〕81 号）。

（3）《电力建设工程预算定额》（国能发电力〔2018〕81 号）。

（4）中国电力企业联合会关于颁布《电力建设工程装置性材料综合预算价格（2018 年版）》的通知（中电联定额〔2020〕44 号）。

（5）关于印发《国家电网公司输变电工程勘察设计费概算计列标准（2014 年版）》的通知（国家电网电定〔2014〕19 号）。

（6）社会保险费按 25.3％计算、住房公积金按 12％计算。

（三）相关说明

1. 建设费用构成

项目建设费用构成严格按照《预规》规定。项目建设总费用由建筑工程费、安装工程费、设备购置费、其他费用、基本预备费和动态费用构成。其中建筑工程费、安装工程费、设备购置费、其他费用、基本预备费之和为静态投资。

按照《预规》规定，项目建设总投资建设预算费用构成包括以下方面：

1.1 建筑工程费、安装工程费

1.1.1 直接费

1.1.1.1 直接工程费

（1）人工费

（2）材料费

（3）机械费

1.1.1.2 措施费

（1）冬雨季施工增加费

（2）夜间施工增加费

（3）施工工具用具使用费

（4）特殊地区施工增加费

（5）临时设施费

（6）施工机构迁移费

（7）安全文明施工费

1.1.2 间接费

1.1.2.1 规费

（1）社会保险费

（2）住房公积金

1.1.2.2 企业管理费

1.1.2.3 施工企业配合调试费

1.1.3 利润

1.1.4 大型土石方综合费率

1.1.5 编制基准期价差

1.1.6 税金

1.2 设备购置费

1.2.1 设备费

1.2.2 设备运杂费

1.3 其他费用

1.3.1 建设场地征用及清理费

（1）土地征用费

（2）施工场地租用费

（3）迁移补偿费

（4）余物清理费

（5）输电线路走廊清理费

（6）输电线路跨越补偿费

（7）通信设施防输电线路干扰措施费

（8）水土保持补偿费

1.3.2 项目建设管理费

(1) 项目法人管理费

(2) 招标费

(3) 工程监理费

(4) 设备材料监造费

(5) 施工过程造价咨询及竣工结算审核费

(6) 工程保险费

1.3.3 项目建设技术服务费

(1) 项目前期工作费

(2) 知识产权转让与研究试验费

(3) 勘察设计费

(4) 设计文件评审费

(5) 项目后评价费

(6) 工程建设检测费

(7) 电力工程技术经济标准编制费

1.3.4 生产准备费

(1) 管理车辆购置费

(2) 工器具及办公家具购置费

(3) 生产职工培训及提前进场费

1.3.5 大件运输措施费

1.3.6 专业爆破服务费

1.4 基本预备费

1.5 动态费用

1.5.1 价差预备费

1.5.2 建设期贷款利息

2. 工程项目划分

输变电工程评审审查清单参照《预规》要求，与工程概算的项目划分一致。建设预算应按建筑工程费、安装工程费、设备购置费和其他费用分别进行编制。

(1) 建筑工程费、安装工程费及相应的设备购置费编入工程预（概、估）算表，分别汇入专业汇总预（概、估）算表。

（2）取费采用单位工程逐项取费、单位工程综合系数取费方式在工程预（概、估）算表中计列。

（3）其他费用编入其他费用预（概、估）算表。

（4）线路工程项目将专业汇总预（概、估）算表、其他费用预（概、估）算表和辅助设施表内容汇入总预（概、估）算表；其他工程项目将专业汇总预（概、估）算表、其他费用预（概、估）算表汇入总预（概、估）算表。加上基本预备费和特殊项目费用，计取动态费用，计算出工程动态投资。

3. 评审审查清单结构

评审审查清单分为变电工程和线路工程，由编制说明、总概算表审查清单项、单位工程审查清单项、其他费审查清单项以及相应的附表等组成。

（1）编制说明主要审查工程概况、编制原则、造价水平分析以及特殊情况。

（2）总概算表审查清单项主要审查各项费用占比以及与标准参考价的对比情况。

（3）单位工程审查清单项对建筑工程、安装工程和线路工程的具体子目进行审查，其内容包括项目内容及规范、参照定额及注意事项、标准工程量、易错点。参照定额及注意事项主要来源于相应定额以及其定额的解释说明；标准工程量主要参照以往评审的可研估算和初设概算，已达成一个合理的取值范围；易错点包括评审过程中的常见病、上级单位关于技经评审管理方面的通报。标准工程量和易错点在评审过程中还需要不断地补充完善。

（4）其他费审查清单项按照其他费用预（概、估）算表排列，列出了其他费用中相关子项在不同电压等级的计算要求。

二、变电工程评审审查清单

（一）编制说明审查要点

在技经评审过程中，应首先评审工程估算或概算的编制说明部分。编制说明主要审查工程概况、编制原则其他特殊情况。

1. 工程概况审查要点

（1）工程的设计依据及工程建设规模参数。应审查变电工程建设地点、地理位置、建设性质、远期建设规模、本期建设规模、交通运输、主要设备型式、是否利用已有设备和设施、各级电压主接线及出线回路数、配电装置型式、建筑面积等。

（2）建设场地情况。应审查变电工程建设场地面积、地形地貌、地质、地震烈度、土石方工程量、地基处理、地下水、需拆迁赔偿的地面建（构）筑物、植被等。

（3）施工条件。应审查施工水源、电源、通信及道路情况。对于改建、扩建工程还应说明改建、扩建部位和工程量，相关过渡和安全措施。

（4）工程投资情况。应审查项目业主、项目建设工期、建设场地征用及清理、特殊项目、工程静态投资额、工程动态投资额和单位造价。在审查设计概算时，还要审查可行性研究上报或核准批复的总投资，本期概算编制价格水平。

（5）工程资金来源。应审查融资方式、资本金比例、融资利率。

2. 编制原则审查要点

（1）工程量。应有提资单及工程量计算依据。

（2）定额与预规选定。所采用的预规与定额的名称、版本、年份、定额换算及调整应有说明。

（3）定额人工调整、材机调整应说明所执行的文件。

（4）材料价格。应审查安装工程装置性材料价格采用的依据及价格水平年份；应审查建筑工程材料价格采用的依据以及信息价格采用的时间和地区。

（5）编制年价差。应审查设备、材料价差的调整和计算方法。

（6）设备价格及运输。应审查主要设备价格及其他设备价格的计价依据，国内设备运杂费率的确定依据，超限设备运输措施费的计算方法和依据。

3. 其他特殊情况审查要点

（1）其他特殊情况应不局限于对投资影响较大的土石方工程，地基处理工程，外部电源、水源、道路桥梁工程，应说明施工条件及措施，计算工程费用依据。

（2）特殊项目。应有技术方案和相关文件支持的工程量计算依据，以及费用编制依据。

（3）建设场地征用及清理。应说明建设场地征用、租用及场地拆迁赔偿所执行的相关政策文件、规定和各项费用的单价、数量及价格计算依据。

对于工程特殊情况应重点审查，防止出现评审疏漏。

（二）总概算表审查要点

审查总概算表主要对指标进行技术经济比较，通过与相同技术方案参考控制线和通用造价比较，确保工程造价在合理范围内。对于偏差较大的费用，要在后续的表格中重点审查。

审查总概算表时，应将工程造价与相同技术方案参考控制线和通用造价比较，重点审查总体投资和各项费用占比情况。

1. 工程造价与参考控制线对比分析

首先审查工程投资与参考控制线的总体价格差异。各电压等级主要技术方案标准参考价（参照2020年多维立体参考价并调整了价差）见表2-1～表2-4。

表2-1　500kV变电工程概算水平标准参考价　单位：万元/站

技术方案	静态投资	建筑工程费	设备购置费	安装工程费	其他费用
B-5	29049	6432	14825	3242	4549
A-2	27478	5339	14644	3423	4072
C-1	19930	5704	7372	2734	4119

表2-2　220kV变电工程概算水平标准参考价　单位：万元/站

技术方案	静态投资	建筑工程费	设备购置费	安装工程费	其他费用
A1-1	8744	1740	4334	1132	1538
A2-4	12698	3468	5621	1629	1980

表2-3　110kV变电工程概算水平标准参考价　单元：万元/站

技术方案	静态投资	建筑工程费	设备购置费	安装工程费	其他费用
A1-1	3073	722	1440	448	464

表2-4　主要技术方案描述

电压等级	工程技术方案	方案描述
500kV	B-5方案	本期2×1000MVA，HGIS户外站高压4回，中压8回
	A-2方案	本期2×1000MVA，GIS户外站高压4回，中压8回
	C-1方案	本期1×1000MVA，AIS户外站高压4回，中压8回
220kV	A1-1方案	本期2×180MVA，GIS户外站高压4回，中压4回，低压4回
	A2-4方案	本期2×240MVA，GIS户内站高压4回，中压6回，低压28回
110kV	A1-1方案	本期2×50MVA，GIS户外站高压2回，低压24回

其次应审查各费用与标准参考价之间的差异。变电工程各项费用占比情况见表2－5。

表2－5　变电工程各项费用占比

电压等级/kV	建筑工程费/%	设备购置费/%	安装工程费/%	其他费用/%
500	21.4	53.3	10.5	14.8
330	21.3	49.5	14.6	14.6
220	22.3	50.3	11.7	15.7
110	25.7	46.0	12.5	15.8

通过与标准参考价进行对比分析，发现差异较大的费用，之后要着重审查。工程造价水平超标准参考价10%以内，应提供专题论证材料；工程造价水平超过标准参考价10%以上，应开展技术方案技术经济比选，说明该方案的充分必要性。

2. 工程造价与通用造价对比分析

将工程概预算与通用造价进行对比分析，已成为可研和初设评审时的必要环节。在与通用造价进行对比时，首先要选用对应电压等级、对应技术方案的通用造价，然后按照工程规模进行调整。在对比分析时，应按照建筑工程费、设备购置费、安装工程费、其他费用分别进行；对于与调整后的通用造价差异较大的，应分析造成造价差的主要原因，由此考虑工程造价是否合理。

（三）建筑工程项目划分

建筑工程分为主要生产工程、辅助生产工程和与站址有关的单项工程三部分。主要生产工程主要包括主要生产建筑（包括主控通信楼、继电器室、配电装置室等）、屋外配电装置建筑、供水系统建筑、消防系统；辅助生产工程包括辅助生产建筑（包括综合楼、警卫室、雨水泵房）、站区性建筑等；与站址有关的单项工程包括地基处理、站外道路、站外水源、站外排水、施工降水和临时工程，其中临时工程是指临时施工电源、临时施工水源、临时施工道路、临时施工通信线路、临时施工防护工程。

建筑工程费除包括建筑工程的本体费用之外，以下费用也应列入建筑工程费中：

（1）建筑物的上下水、采暖、通风、空调、照明设施（含照明配电箱）。

（2）建筑物用电梯的设备及其安装。

（3）建筑物的金属网门、栏栅及防雷设施，独立的避雷针、塔，建筑物的防雷接地。

（4）屋外配电装置的金属结构、金属架构或支架。

（5）换流站直流滤波器的电容器门形框架。

（6）各种直埋设施的土方、垫层、支墩，各种沟道的土方、垫层、支墩、结构、盖板，各种涵洞，各种顶管措施。

（7）消防设施，包括气体消防、水喷雾系统设备、喷头机器探测报警装置。

（8）站区采暖加热站设备及管道，采暖锅炉房设备及管道，生活污水处理系统的设备、管道及其安装。

（9）生活污水处理系统的设备、管道及其安装。

（10）混凝土砌筑的箱、罐、池等。

（11）设备基础、地脚螺栓。

（12）建筑专业出图的站区工业管道。

（13）建筑专业出图的电线、电缆埋管工程。

（14）凡建筑工程建设预算定额中已明确规定列入建筑工程的项目，按定额中的规定执行，例如二次灌浆均列入建筑工程等。

（四）建筑工程审查要点

1. 主要生产建筑

主要生产建筑包括一般土建、上下水、通风及空调、照明。

一般土建又可以划分为结构基础部分、结构主框架部分、楼地面、墙体部分、门窗部分。

（1）结构基础部分。主要工作内容包括机械其他建筑物与构筑物土方、独立基础、条形基础、筏形基础和普通钢筋。技经评审时要注意以下内容：

1）条形、筏形、箱形基础按照[（长轴距离+1.2m+0.5×挖深）×（短轴距离+1.2m+0.5×挖深）×挖深]控制工程量；独立基础按照小于[（长轴距离+1.2m+0.5×挖深）×（短轴距离+1.2m+0.5×挖深）×挖深]控制工程量。

2）挖方按机械化施工定额执行即《电力建设工程概算定额　第一册　建筑工程》（2018年版）[1] GT1-5，遇到特殊情况再参照其他定额。

3）在限制条件，有支护的条件下，土方不应采用大开挖的形式。

4）独立、条形、筏形等基础套用定额应注意基础型式和做法要与定额保持一致。

5）独立、条形、筏形等基础定额中不包括特殊防腐费用。当地下水含有硫酸盐等腐蚀性物质时，混凝土外表刷防腐剂、钢桩外表面加强防腐等应根据设计的要求单独计算。

6）筏形基础多用于海边、地下或地质条件不好的工程，工程量在建筑尺寸上外沿1m，高1m。

7）主要生产建筑挖方工程量在110kV的A1-1方案中应控制在2400m^3之内；条形、筏形基础工程量之和应控制在建筑面积的75%之内；钢筋单价应按照规格和地区调整材料价差，其标准使用量参照表2-6，与标准差异较大时，应提请设计进行进一步核查。

（2）结构主框架部分。主要工作内容包括钢结构柱、钢结构梁、钢结构刷防火涂料、钢结构刷加强防腐漆。技经评审时要注

[1] 本书定额编号均指《电力建设工程概算定额　第一册　建筑工程》（2018年版）中的定额编号。

意以下内容：

1）单层钢柱与钢梁总量控制在 110kg/m^2 左右，如与该数值差异较大，提请设计进行进一步核查。

表 2-6　　钢筋混凝土构件含钢率参照表

钢筋混凝土构件	含钢率（2018 年建筑定额	钢筋混凝土构件	含钢率（2018 年建筑定额
钢筋混凝土条形基础	103.35kg/m^3	现浇钢筋混凝土楼板	21.64kg/m^2
钢筋混凝土独立基础	82.67kg/m^3	现浇钢筋混凝土屋面板	19.25kg/m^2
钢筋混凝土筏形基础	136.76kg/m^3	钢筋混凝土基础梁	182.65kg/m^3
钢筋混凝土箱形基础	157.38kg/m^3	钢筋混凝土框架	226.13kg/m^3
变压器基础	30.00kg/m^3	钢筋混凝土矩形柱	217.31kg/m^3
变压器油池	40.56kg/m^3	钢筋混凝土梁	221.03kg/m^3
GIS 基础	40.50kg/m^3	钢筋混凝土悬臂板	106.75kg/m^3
主要辅机基础（单体小于 50m^3）	64.26kg/m^3	钢筋混凝土底板	125.32kg/m^3
主要辅机基础（单体大于 50m^3）	17.48kg/m^3	钢筋混凝土墙	140.63kg/m^3

2）多层钢柱与钢梁总量控制在 150kg/m^2 左右，如与该数值差异较大，提请设计进行进一步核查。

3）在套用其他建筑钢结构的钢柱和钢梁建筑定额时，型钢材料的价格调整应选取近期发布的河北南部地区建筑材料指导价格中的型钢综合价，若选取镀锌钢管架构的材料价，会导致费用偏高，请注意区分。

4）钢结构刷涂料按照钢结构构件成品重量计算。由于钢结构构件表面积的差异，计算其他钢结构刷防火涂料时，按照其他钢结构的重量乘以系数 1.35。定额综合了不同施工方法与喷刷遍数，执行定额时不做调整。

5）出现钢结构刷加强防腐漆时，一方面要核实方案是否要求刷加强防腐漆；另一方面在高腐蚀地区需要套用加强防腐漆时，定额中已包含镀锌费用，不要重复计列。计算其他钢结构刷防腐涂料、喷锌、镀锌重量时，按照其他钢结构的重量乘以系数 1.35。定额综合了不同施工方法与喷刷遍数，执行定额时不做调整。

（3）楼地面。主要工作内容包括浇筑混凝土层面板、压型钢板底模、屋面有组织外排水、屋面建筑保温隔热、屋面建筑防水、复杂地面、天棚吊顶和普通钢筋。技经评审时要注意以下内容：

1）计算平屋面板、楼板与平台板、屋面有组织外排水时按照建筑轴线尺寸面积计算工程量。不扣除洞口、支墩、设备基础、屋面伸缩缝等所占的面积，挑檐板、天沟板不计算面积。

2）卷材屋面防水按照铺设一层防水材料考虑；工程实际铺设两层时，第二层执行定额乘以系数 0.9。

3）计算复杂地面工程量时，电缆夹层地面应按普通地面考虑；普通地面和复杂地面已包括散水工作，不再额外计列。

4）天棚吊顶多使用 PVC 板面层和轻钢龙骨，在变电工程中仅适用于卫生间。

（4）墙体部分。主要工作内容包括彩钢夹心板外墙、外墙面装饰真石漆、保温石膏板内墙、内墙面装饰乳胶漆面、内墙面装饰面砖。技经评审时要注意以下内容：

1）彩钢板和铝镁锰板按相应定额考虑，定额中材料按国网信息价找差；水泥纤维板按取费后 950 元/m^2（含价差）一笔性费用考虑，不参与取费。此处需注意价差，注意墙的单价是定额乘以 1.4 再加上价差。

2）外墙的计算长度为轴线周长，高度为有女儿墙的从室外地坪高度计算至女儿墙顶标高，无女墙的从室外地坪高度计算至檐口顶标高。计算工程量要扣除门窗及大于 1m^2 以上的洞口。

3）一般的装配式外墙不需要装修，如果设置了外墙装修踢脚线可以参照外墙面装饰真石漆（GT5－36）。

4）使用保温石膏板内墙时，如实际施工时使用的石膏板厚度大于定额中的材料厚度，应另增加石膏板和保温材料。

5）一般的装配式外墙不需套用内墙面装饰乳胶漆面，钢筋混凝土外墙才会使用。

6）内墙面装饰面砖在变电工程中一般适用于卫生间。

（5）门窗部分及其他。门窗部分的主要工作内容包括塑钢窗、窗护栏和防火门。其他的工作包括钢盖板、栏杆、爬梯、钢平台、轨道等金属结构工程的铁件和钢结构的镀锌。

1）塑钢窗、窗护栏、防火门安装工程量均按照门窗洞口面积计算。

2）铁件及镀锌包括钢盖板、栏杆、爬梯、钢平台、轨道等金属结构工程。

3）计算混凝土施工调整费时应按照混凝土搅拌形式分别调整。

（6）上下水。主要工作内容是建筑物的给排水工程。技经评审时要注意以下内容：

1）给排水工程中水表、流量计、压力表、阀门、卫生器具、室内消火栓、水泵接合器、生活消防水箱等为材料；水泵、稳压器、水处理与净化装置等为设备，其安装费参照有关定额独立计算。

2）定额中已包含设备的安装调试费用以及材料费，不含设备费与设备运杂费。

3）卫生器具费用已在定额中包含，不要单独计列费用。

（7）通风及空调。主要工作内容包括通风空调的安装以及轴流风机、电暖气等设备费用的计列。其注意事项包括以下内容：

1）采暖工程中散热器、流量计、温度计、压力表、阀门等为材料；电暖气、电热水器、暖风机等为设备，其安装费包含在采暖定额中。

2）通风空调工程中通风阀、百叶孔、方圆节、风道为材料，其费用均包含在定额中，不单独计列；制冷剂、冷却塔、空调机、风机盘管、轴流风机、消声装置、屋顶通风器为设备，定义为设备的需单独计列设备购置费，其安装费包含在通风空调定额中。

3）定额中含设备的安装和调试、材料费，不含设备费及设备运杂费。

4）地区调整系数为1.15。

5）轴流风机、除湿机、电暖气、排风扇、空调柜机计列时按照设计提资，单价参照市场价。

（8）照明。主要工作内容为建、构筑物的照明接地。技经评审时要注意以下内容：

1）照明工程中接线盒、开关、灯具、插座等为材料；照明配电箱、配电柜、配电盘为设备，其安装费包含在照明定额中。

2）定额中含设备的安装和调试、材料费，不含设备费及设备运杂费。

3）照明配电箱、事故照明箱计列时按照设计提资，单价参照市场价。

2. 屋外配电装置建筑

屋外配电装置建筑包括主变压器系统、构支架、设备基础、无功补偿设备基础、站用变压器设备基础、避雷针塔、电缆沟道、室外照明基础、室外管道。

（1）主变压器系统。主要工作内容包括构支架及基础、主变压器设备基础、变压器油池、防火墙、事故油池。技经评审时要注意以下内容：

1）针对主变压器架构，建议架构埋深在2.2m内套用定额GT9－146；埋深超过2.2m，按1∶5.5比例控制混凝土量与土方量的比例，如明显差异大，应提请设计进行进一步核查。

2）110kV主变压器钢管架构用量按照1.7×变压器组数控制，110kV主变压器型钢架构梁用量按照0.7×变压器组数控制，主变压器架构的地脚螺栓按照钢架构用量的10%～15%控制。

3）中性点设备支架随设备供应，不单独计列，套用定额时需扣除定额中的材料费。

4）110kV主变压器设备基础工程量按照25m³/台控制，

220kV 主变压器设备基础工程量按照 70m³/台控制。

5）钢筋单价应按照规格和地区调整材料价差，其标准使用量参照表 2－6，与标准差异较大时，应提请设计进行进一步核查。

6）110kV 变压器油池基础工程量按照 60m³/台（10m×8m×0.75m）控制，220kV 变压器油池基础工程量按照 114.4m³/台（13m×11m×0.8m）控制。

7）110kV 主变压器防火墙按照 26.46m³/面（6.5m×11m×0.37m）控制。

8）110kV 主变压器事故油池容积按照 40m³ 控制，220kV 主变压器事故油池容积按照 65m³ 控制。

（2）构支架。主要工作内容包括架构、支架。技经评审时要注意以下内容：

1）架构埋深在 2.2m 内套用含土方基础的构支架定额；埋深超过 2.2m，执行不含土方基础的构支架定额，建议按 1∶5.5 比例控制混凝土量与土方量的比例，如明显差异大，应提请设计进行进一步核查。

2）110kV 钢管架构按照架构梁长度 100kg/m 控制，差异较大时，提请设计核实。

3）计列地脚螺栓安装定额时套用 GT7－26 预埋地脚螺栓，注意将高强螺栓综合价替换为普通地脚螺栓综合价。地脚螺栓重量按架构总重的 10%～15%控制。

4）变、配电钢管设备支架定额中已包含土方和基础工作内容。

（3）设备基础及其他。设备基础的主要工作内容包括基坑土方、设备基础、普通钢筋和倒角，其他包括避雷针塔、电缆沟道、栏栅及地坪、室外照明基础、室外给水钢管道。技经评审时要注意以下内容：

1）110kV 的 GIS 设备基础按照不超过 20m³/间隔控制。

2）110kV 的电容器独立基础按照不超过 48m³/组控制。

3）室内外复合电缆沟盖板差价的调价差按照 295 元/m^3 考虑。

4）变、配电避雷针塔重量按照其高度 0.1t/m 控制。

5）道路与地坪中地坪包括铺设垫层、面层及铺设绝缘材料层等工作内容。

6）道路与地坪定额中不包括弹软土地基处理，使用需另套定额。

7）室外给水钢管道工程量按设计提资计列，技经要注意其合理性。

3. 供水系统建筑

供水系统建筑主要工作包括室外供水管道安装（主要材质分为 PVC 和 PPR），供水设备及镀锌钢管、深井和砌体井、池。技经评审时要注意以下内容：

（1）供水设备定额中含设备的安装和调试、材料费，不含设备费与设备运杂费。

（2）给排水工程中水表、流量计、压力表、阀门、卫生器具、室内消火栓、水泵接合器、生活消防水箱等为材料；水泵、稳压器、水处理与净化装置等为设备。

（3）井、池按照其净空体积（容积）计算工程量，不扣除井、池内设备、支墩、支柱、管道等所占的体积。

（4）深井的深度一般情况下超过地质勘测深度，部分设计单位会将未勘测部分按照岩石计算，计算费用时乘以相关系数，在评审时要关注，防止费用过高。深井定额调整系数见表 2-7。

表 2-7　　深井定额调整系数表

井管直径/mm	井深不大于 75m	井深不大于 120m	井深大于 120m
159	0.85	1.10	1.35
219	1.00	1.25	1.50
273	1.30	1.70	2.00

续表

井管直径/mm	井深不大于 75m	井深不大于 120m	井深大于 120m
325	1.55	2.00	2.30
450	2.10	2.40	2.60
600	2.55	2.70	2.90

（5）供水管网及接入计列按合同计列或参照政府文件标准。若采取打井方式供水，套取打井定额。

（6）砌体井、池容积若超过 500m^3，套取水池定额。

4. 消防系统

消防系统分为水消防和泡沫消防两种，目前常用的是水消防。以水消防为例，主要工作内容包括消防水泵房、站区消防管路、消防器材、特殊消防系统和消防水池。其中，消防水泵房又分为一般土建、设备及管道、采暖及通风、照明。技经评审时要注意以下内容：

（1）室外给水管道按照单根管道敷设长度计算工程量，不扣除阀门井、检查井等所占的长度。

（2）消防器材包括灭火器，消防斧、铲、桶，特殊消防系统包括水喷雾系统、电动消防泵及配套电动机、成套消防稳压装置、雨淋阀组等。

（3）电动消防泵、消防配套电动机、成套消防稳压装置、隔膜式气压罐、潜水排污泵、电动葫芦等设备按照设计提资，单价参照市场价。

（4）消防水泵房的采暖及通风部分只计设备费，不套用定额。

（5）目前变电工程一般采用水喷雾消防方式。水喷雾系统包括电动消防泵及配套电动机、电动消防泵配套控制柜、成套消防稳压装置、ZSFM 雨淋阀组；水喷雾系统及消防沙箱、消防工具箱、推车式干粉灭火器等消防设备计列时按照设计提资，单价参照市场价。

5. 辅助生产工程

辅助生产工程包括辅助生产建筑（包括综合楼、警卫室、雨水泵等），该部分费用计列参照主要生产建筑。

与站址有关的单项工程主要工作内容包括场地平整、站区道路及广场、站区排水、围墙及大门，站区排水又分为排水管道、窨井、污水调节水池。技经评审时要注意以下内容：

（1）场地平整包括土方、亏方碾压和土方运输。计算场地平整时，以场地平整设计标高为土石方挖填起点计算标高。土石方挖深为挖方起点计算标高至基础（或底板）垫层底标高。土石方运输工程量按照运方（自然方）量计算。

（2）场地平整土石方量按照场地平整挖方量计算工程量；场地平整土方碾压或夯填，按照场地平整亏方量计算工程量，亏方量＝填方量－挖方量，亏方碾压与夯填定额子目中不包括购土费。

（3）一般情况下，场地平整高度在30cm内。若有削峰挖方的，削峰挖方部分加入场地平整。

（4）场地平整土石方量按照场地平整挖方量计算工程量。

（5）计列机械土方运距时需要设计单位提供具体弃土点，弃土运距按照实际情况计算。

（6）混凝土路面工程量等于路面面积与路面厚度之积，厚度为基层、底层、面层三层厚度之和（经验数据为675mm），面积按照水平投影面积计算。

（7）注意在计列混凝土路面时如有二次施工时扣除第二次面层施工厚度。有二次施工时套用定额GT10－8道路与地坪混凝土道路面层。

（8）站区道路工程要注意是否存在二次施工。道路厚度超过1m时，要考虑地基处理工程量。

（9）围墙基础部分按照围墙长度造价按300元/m控制。

(10) 围墙按照围墙面积计算工程量。围墙长度按照墙体中心线长度计算，不扣除围墙柱、伸缩缝等所占的长度，扣除大门与边门及大门柱所占的长度；围墙高度从室外地坪标高计算至围墙顶标高（不包括压顶抹灰高度）。

(11) 围墙厚度不同时可以调整。砖围墙定额按照 240mm 厚编制，370mm 厚砖围墙定额调整系数为 1.34，180mm 厚砖围墙定额调整系数为 0.84。石墙定额按照 350mm 厚编制，石墙厚度每增加 50mm 定额调增系数为 0.115，石墙厚度每减少 50mm 定额调减系数为 0.115。

(12) GT10－16 砌块围墙已包括基础土方施工工作内容。

(13) 铁丝网按照面积计算工程量，长度按照围墙长度计算，铁丝网高度从墙顶计算至金属柱顶。

(14) 围墙基础按照 1.5m 埋深（室外整平标高至基础底标高）考虑。基础埋深每增减 30cm 定额按照围墙长度计算工程量。基础埋深每增减 30cm 为一个调整深度，基础埋深增减余量不足 30cm 但不小于 10cm 的计算一个调整深度。

(15) 大门按照大门面积计算工程量，计算边门面积。套用围墙大门电动自动伸缩门安装定额时，材料根据季度建筑材料价格调价差，需要注意的是定额中单位是 m^2，季度建筑材料价中电动自动伸缩门单位是 m，需要按照实际情况换算单位后再调价差。

(16) 变电站大门附近的标识牌按照 5000 元/个控制。

6. 与站址有关的单项工程

与站址有关的单项工程包括地基处理、站外道路、站外水源、站外排水、施工降水和临时工程，其中临时工程是指临时施工电源、临时施工水源、临时施工道路、临时施工通信线路、临时施工防护工程。技经评审时要注意以下内容：

(1) 涉及临时工程的费用计列，应根据设计方案编制，杜绝估列一笔性费用。

（2）地基处理工程编制了常用的地基处理方式定额子目，当工程实际采用特殊的地基处理方式时，参照相应定额执行。地基处理定额包括被处理的土方施工费用，不包括特殊防腐费用。

（3）换填按照被换填土挖掘前天然密实方计算工程量。换填土基坑的开挖、支护、工作面等增加的工程量综合在定额中，不单独计算。

（4）套用地基处理定额时按不同地基处理方式套用相关定额。

（5）计算护坡面积时按照斜面计算，不扣除台阶、池埂等所占面积。台阶、池埂的费用不单独计算。

（6）砌体护坡按照砌体护坡体积计算工程量，护坡体积＝护坡面积×护坡厚度，护坡厚度应计算垫层厚度。

（7）挡土墙按照挡土墙体积计算工程量，挡土墙体积＝基础体积＋挡土墙体积。计算体积时，不扣除泄水孔、伸缩缝所占体积，不计算垫层体积。

7. 其他综合性内容说明

（1）定额综合考虑了施工中的水平运输、垂直运输、建筑物超高施工等因素，执行定额时不做调整。

（2）施工用的脚手架（包括综合脚手架和单项脚手架）已综合在相应的定额子目中，费用不再单独计算。

（3）混凝土预制构件和金属构件的制作、运输、安装等已综合在定额内，不另行计算。

（4）砂浆强度等级、配合比例、钢结构材质等定额已综合考虑，执行定额时不做调整。

（5）混凝土配比中不包括工程实际额外增加的混凝土外加剂（如减水剂、早强剂、防渗剂、防水剂等）。地下混凝土已综合考虑了混凝土抗渗、防冻的要求，执行定额时不得因抗渗、防冻标准调整混凝土单价。

（6）定额中钢筋混凝土基础工程、楼面与屋面工程、钢筋混凝土结构工程、构筑物工程不包括钢筋费用，钢筋费用应参照钢筋定额子目单独计算。其他章节子目均包括钢筋费用，工程实际用量与定额含量不同时，不做调整。

（7）除另有说明外，定额中包括预埋铁件费用，工程实际用量与定额含量不同时，不做调整。

（五）安装工程项目划分

安装工程分为主要生产工程、辅助生产工程和与站址有关的单项工程三部分。主要生产工程的安装包括主变压器系统、配电装置、无功补偿、控制及直流系统、站用变系统、电缆及接地、通信及远动系统以及全站调试；辅助生产工程的安装包括检修及修配设备、试验设备、油及 SF_6 处理设备；与站址有关的单项工程的安装包括站外电源、站外通信，其中站外电源分为站外电源线路和站外电源间隔。

需要注意的是，安装工程费除包括各类设备、管道及其辅助装置的组合、装配及其材料费用之外，以下费用也应列入安装工程费中：

（1）设备的维护平台及扶梯。

（2）电缆、电缆桥（支）架及其安装，电缆防火。

（3）屋内配电装置的金属结构、金属支架、金属网门。

（4）设备本体、道路、屋外区域（如变压器区、配电装置区、管道区等）的照明。

（5）电气专业出图的空调系统集中控制装置安装。

（6）集中控制系统中的消防集中控制装置。

（7）接地工程的接地极、降阻剂、焦炭等。

（8）安装专业出图的电线、电缆埋管、工业管道工程。

（9）安装专业出图的设备支架、地脚螺栓。

（10）凡设备安装工程建设预算定额中已明确规定列入安装工程的项目，按定额中的规定执行。

（六）安装工程审查要点

1. 主变压器系统

主要工作内容包括主变压器安装、中性点成套设备安装、带型母线安装、支持绝缘子安装、软母线安装、全站电力电缆敷设、铁构件制作安装。技经评审时要注意以下内容：

（1）主变压器安装按照变压器容量、电压等级不同，定额套用 GD2－1～GD2－67，注意定额号要与绕组数、容量等参数匹配；带负荷调压变压器安装乘以系数 1.1；散热器外置时人工费乘以系数 1.1；电压等级 110kV 及以上设备安装在户内时人工费乘以系数 1.3；主变压器安装工程量应与主变压器台数一致；定额号要与绕组数、容量等方案参数匹配；主变压器安装包括端子箱、控制箱的安装及铁构件的制作安装。

（2）中性点成套设备安装应套用定额 GD3－262；电压等级 110kV 及以上设备安装在户内时人工费乘以系数 1.3；中性点成套设备安装工程量应与台数一致。

（3）带型母线安装按照截面不同套用定额 GD4－40 和 GD4－41；带型母线定额已综合考虑单相多片及各种材质；除分相封闭母线以“三相米”为计量单位，其他均是 m。

（4）带型母线安装工程量已综合考虑层数，此处为易错点，举例说明计算两层带型母线工程量时，其实际工程量应按照材料量的 1/2 计算。有设计提资工程量按照设计提资，无设计提资按照定额说明中的工程量计算规则。

（5）支持绝缘子安装按照电压等级不同套用定额 GD4－1～GD4－8。

（6）氧化锌式避雷器安装按照电压等级不同套用定额 GD3－180～GD3－187。

（7）软母线安装按照电压等级、截面积不同套用定额 GD4－

15～GD4－39；工程量按照断面图计算，需要注意防止多计列引下线和设备连引线，软母线数量要准确计算；软母线安装工程量可以根据断面图和绝缘子数量计算。

（8）全站电力电缆敷设时，6kV以下的套用定额GD7－3，6kV以上的套用定额GD7－4。

（9）目前电网工程设备只考虑卸车费及保管费，主设备按照设备费的0.5％计算，其他设备按照设备费的0.7％计算；110kV及以下主变压器不考虑。

（10）主变压器、中性点成套装置等设备价参照国网公司最新季度信息价执行。

2. 配电装置

配电装置分为屋内配电装置和屋外配电装置，110kV及以上的配电装置主要包括GIS（或HGIS）安装、全封闭组合电器进出线套管安装、氧化锌式避雷器安装；10kV配电装置主要包括20kV以下成套高压配电柜安装（真空断路器柜和其他电气柜）、封闭母线安装、穿墙套管装设以及氧化锌避雷器的安装。技经评审时要注意以下内容：

（1）真空断路器柜安装工程量应等于出线开关柜、主变压器进线开关柜、分段断路器柜、电容器开关柜数量之和。其中进线开关柜的安装工程量与主接线形式相关，分段断路器柜的安装工程量应等于母线分段数减1，出线开关柜的安装工程量应等于出线数，电容器开关柜的安装工程量应等于主变压器组数的2倍，接地变柜的安装工程量应等于主变压器台数，电压互感器避雷器柜的安装工程量和电压互感器柜数量一致，其他电气柜的安装工程量等于进线隔离开关柜和分段隔离开关柜数量之和。

（2）电压等级在110kV及以上且安装在户内时人工费要乘以系数1.3。

（3）GIS主母线安装工程量等于本期GIS间隔数乘以3；不带断路器GIS安装工程量等于进线间隔、电压互感器间隔和不带断路器桥间隔之和。

（4）架空进、出线套管数量等于进线间隔和出线间隔之和的3倍；出线间隔等于出线回路数；桥间隔数量等于本期110kV母线分段数减1。

（5）计列氧化锌式避雷器安装时避雷器3台为1组，按照组数计列安装费。

（6）检修小车、接地小车、验电小车作为备品备件，设备费不单独计列。

（7）封闭母线安装工程量应按照设计提资计列，如设计无提资，按照定额说明计算。

（8）低压设备在保护室内时，需计列穿墙套管，穿墙套管装设工程量按照主变压器台数的3倍计列。

（9）GIS设备的设备运杂费按照0.5%考虑，普通设备的设备运杂费按照0.7%考虑。

（10）20kV以下成套高压配电柜安装工程量等于出线开关柜、主变压器进线开关柜、分段断路器柜、电容器开关柜和接地变柜数量之和。

（11）10kV配电装置中的进线开关柜数量一般情况下等于主变压器台数，分段断路器柜数量等于母线分段数减1，出线开关柜等于出线数，电容器开关柜数量等于主变组数的2倍，接地变柜数量等于主变压器台数。

（12）电压互感器避雷器柜安装工程量等于电压互感器柜数，其他电气柜安装工程量等于进线隔离开关柜和分段隔离开关柜之和。

3. 无功补偿

无功补偿主要包括高压电抗器、串联补偿装置、低压电容器、低压电抗器、静止无功补偿装置。常用的电容器主要工作内容包括电容器安装、电力电缆敷设、铁构件制作安装、保护网制作安装。技经评审时要注意以下内容：

（1）电容器安装组数应按照主变压器组数的2倍计列。

（2）在计列电容器成套装置设备价时，应参照设备材料信息价，需注意电抗是空心电抗还是铁芯电抗，铁芯电抗在信息价中按照1组计列。

（3）电容器部分的保护网制作安装工程量按照每组 $30m^2$ 控制。

（4）110kV 变电工程一般配置 3000kvar 和 5000kvar 电容器。

4. 控制及直流系统

控制及直流系统包括计算机监控系统、继电保护、直流系统及 UPS、智能辅助控制系统、在线监测系统。技经评审时要注意以下内容：

（1）控制盘台柜安装工程量只计列预制舱以外的保护柜安装。需要注意，预制舱内的保护柜安装已包含在预制舱设备费中，不应单独计列安装费。智能辅助控制柜不计安装费。

（2）计算机监控系统中的端子箱、就地控制箱不计安装费。

（3）二次设备预制舱在计列设备价时要注意预制舱的尺寸，预制光缆的材料价要单独计列。

（4）计列计算机监控系统设备费时要列明设备组件的明细，与国网公司信息价中的设备构成作对比并参照信息价计列。

（5）蓄电池组安装定额 GD6－34 按照 220V 电压等级编制，110V 蓄电池按照定额乘以系数 0.6。

（6）材料中若使用预制光缆预制光缆材料价要单独计列。

5. 站用变系统

站用变系统分为站用变压器、站用配电装置、站区照明。技经评审时要注意以下内容：

（1）因为一般户外照明灯杆为 1.5m 左右，因此在计列构筑物及道路照明时应套用定额 GD9－3 构筑物照明，不应套用高杆照明灯的安装定额。

（2）20kV 及以下的接地变及消弧线圈安装套用定额 GD2－76。

6. 电缆及接地

电缆及接地包括全站电缆、全站接地，其中全站电缆分为电力电缆、控制电缆、电缆辅助设施、电缆防火。技经评审时要注意以下内容：

（1）电容器部分的电缆终端数量按照电容器组数乘以 3 控制。需要注意的是，计列电缆材料时应注意单相还是三相。

（2）110kV 新建变电站低压电力电缆材料量按照不超过 2km 控制，控制电缆材料量按照不超过 10km 控制。电缆支架和防火堵料的工程量按照设计提资工程量计列。

（3）在计列全站接地时，户内站的全站接地一般使用铜排接地，在计列铜排接地工程量时只计取与主地网连接的部分。

7. 通信及远动系统

通信及远动系统包括通信系统和远动及计费系统。通信及远动系统技经评审时要注意以下内容：

（1）部分安装工作在《电力建设工程概算定额　第一册　建筑工程》（2018 年版）中已有专门定额，在编制概算时可选择套用，如布放电话、以太网线套用定额 YZ15－4；人工敷设穿子管光缆套用定额 YZ13－13；厂（站）内光缆熔接套用定额 YZ13－74。

（2）如有预制舱，时间同步装置屏已含在预制舱中，不要重复计列。

8. 全站调试

全站调试分为分系统调试、整套启动调试和特殊调试。

（1）分系统调试技经评审时要注意以下内容：

1）变压器系统调试应以“系统”为单位，工程量根据主变压器或者接地变台数计算，三绕组变压器要乘以系数 1.2，带负荷调整设备要乘以系数 1.2。

2）接地变的系统调试以“系统”为单位。

3）交流供电系统调试工程量根据进出线及母联间隔数、分段间隔数和备用间隔数计算。需要注意的是，带有电抗器或并联电容器补偿的应乘以系数 1.2，110kV 变电站基本没有该情况，故不计取；分段间隔系统调试，定额乘以系数 0.5。

4）母线系统调试工程量根据装有电压互感器的母线段计列。

5）变电站同期系统调试、变电站直流电源系统调试和变电站事故照明及不停电电源系统调试只在变电站新建工程中计列，扩建主变压器工程和扩建间隔工程不计取。

6）变电站微机监控、五防系统调试在变电站新建工程、扩建主变压器工程和扩建间隔工程中计列时分别按照 1、0.3、0.1 的系数调整。

7）保护故障信息主站分系统调试在变电站新建工程、扩建主变压器工程分别按照 1、0.3 的系数调整，扩建间隔工程不计取该费用。

8）电网调度自动化系统调试、二次系统安全防护系统调试、信息安全测评系统（等级保护测评）调试一般不计列。

9）网络报文监视系统调试、智能辅助系统调试、信息一体化平台系统调试只在变电站新建工程中计列，扩建主变压器工程和扩建间隔工程不计列。

10）交直流电源一体化系统调试在新定额中编号是 YS5－130，执行时不再执行其他电源调试定额条目，扩建主变压器工程和扩建间隔工程不计取该费用。

（2）整套启动调试技经评审时要注意以下内容：变电站试运行、变电站监控调试、电网调度自动化系统调试在变电站新建工程、扩建主变压器工程和扩建间隔工程中计列时分别按照 1、0.5、0.3 的系数调整。

（3）特殊调试技经评审时要注意以下内容：

1）变压器绕组连同套管的长时感应耐压试验带局部放电测量在110kV及以上电压等级变电站计列，其工程量等于主变压器台数，在35kV及以下电压等级该工作已包含在变压器安装定额中，因此35kV及以下变电站工程不计列。第三台主变压器乘以系数0.6。

2）变压器绕组变形试验各电压等级变压器均计列，其工程量等于主变压器台数。第二台主变压器乘以系数0.8。

3）GIS（HGIS）交流耐压试验和局部放电带电检测在110kV及以上电压等级计列，GIS（HGIS）的出线间隔和母线设备间隔均应计列。

4）计列GIS（HGIS）交流耐压试验时，1～5个间隔系数取1，6～10个间隔系数0.9，之后每5个间隔递减0.1的系数。

5）金属氧化物避雷器持续运行电压下持续电流测量在110kV及以上电压等级计列，2018版定额中定额编号为YS7-32，套用定额时应按照避雷器的电压等级。

6）接地网阻抗测试在35kV及以上电压等级计列，对于前期接地网已布置完成的扩建、改造工程，概算中不再计列接地网阻抗测试费用。

7）接地引下线及接地网导通测试在35kV及以上电压等级计列。

8）电容器在额定电压冲击下的合闸试验在110kV及以下电压等级计列。

9）绝缘油综合试验根据油变压器台数计算，根据变压器规格套取定额。

10）常规电能表误差校验应按照相应表计配置数量计列。

11）电流互感器和电压互感器的互感器误差测试单独做保护时定额乘以系数0.65，单独做计量时定额乘以系数0.35；各互感器误差试验5组以内按定额乘以系数1，6～10组乘以系数0.9。关口互感器计列。

9. 其他综合性内容说明

（1）定额中不包括：电气设备（如电动机等）带动机械设备的试运转；表计修理和面板修改、翻新，设备修复、更换后的重新安装及调试；为了保证安全生产和施工所采取的措施费用；电气设备的整体油漆。

（2）设备连接导线、金具、基础槽钢、铁构件等制作安装的钢材和镀锌属于未计价材料。

（3）电抗器、消弧线圈、箱式变电站都归于变压器章节。

（七）变电工程其他费用审查要点

其他费用包括建设场地征用及清理费、项目建设管理费、项目建设技术服务费、生产准备费、大件运输措施费。计算原则如下：

1. 建设场地征用及清理费

建设场地征用及清理费包括土地征用费、施工场地租用费、迁移补偿费、余物清理费、水土保持补偿费。

（1）计列土地征用费时土地单价参照片区地价。

（2）施工场地租用费在110kV、220kV、500kV新建工程中分别按照4万元、8万元、10万元计列，扩建工程、增容工程按减半计列。

（3）迁移补偿费指因工程需要，对建筑物、构筑物、坟墓、林木等发生迁移所发生的补偿费用，在计列时按照实际情况计列。

（4）余物清理费分为拆除费和清理费，特殊站址的余物清理费用计列在本体。拆除费是指拆除工程的费用，进行大额赔偿时需提供依据；清理费按照拆除工程直接工程费×费率计列，一般砖木结构及临时简易建筑费率为10%，混合建筑费率为20%，能爆破的钢筋混凝土结构费率为20%，不能爆破的费率为30%～50%，临时简易建筑费率为8%，金属结构拆除后能利用的费率为55%，拆除后不能利用的费率为38%。

2. 项目建设管理费

项目建设管理费包括项目法人管理费、招标费、工程监理费、设备材料监造费、施工过程造价咨询及竣工结算审核费、工程保险费。

（1）项目法人管理费按照（建筑工程费＋安装工程费）×费率计列。220kV及以下工程费率为3.73%，330kV工程费率为3.24%，500kV工程费率为2.63%，750kV工程费率为2.36%，1000kV工程费率为2.19%，直流500kV工程费率为2.56%，直流800kV工程费率为2.15%，直流1100kV工程费率为1.98%。

（2）招标费按照（建筑工程费＋安装工程费）×费率计列。220kV及以下的工程费率为2.29%，500kV及以下的工程费率为1.75%，1000kV工程费率为1.43%，直流500kV工程费率为1.58%，直流800kV工程费率为1.39%，直流1100kV工程费率为1.22%。

（3）工程监理费的计列参照《预规》执行，按照（建筑工程费＋安装工程费）×费率计列。

（4）设备材料监造费按照甲供设备购置费×费率计列。220kV及以下的工程费率为0.87%，500kV及以下的工程费率为0.7%，750kV工程费率为0.46%，1000kV工程费率为0.44%，直流500kV工程费率为0.48%，直流800kV工程费率为0.4%，直流1100kV工程费率为0.38%。

设备材料监造范围为变压器、电抗器、断路器、隔离（接地）开关、组合电器、串联补偿装置、换流阀、阀组避雷器，以及220kV及以上电力电缆，如扩大范围对其他设备进行监造、监造，本项费用不调整。

(5) 施工过程造价咨询及竣工结算审核费按照（建筑工程费＋安装工程费）×费率计列。220kV 及以下的工程费率为 0.88%，500kV 及以下的工程费率为 0.75%，1000kV 工程费率为 0.56%，直流 800kV 和直流 1100kV 工程费率为 0.41%。如只开展工程竣工结算审核工作，按本费率乘以系数 0.75%；费用计算低于 3000 元时，按 3000 元计列。

(6) 工程保险费目前一般工程中未计列，如需计列应根据项目法人及工程实际情况，经风险评估、专题分析、评审审批等程序后，按照确定的保险范围和费率计列。

3. 项目建设技术服务费

项目建设技术服务费包括项目前期工作费、知识产权转让与研究试验费、勘察设计费、设计文件评审费、项目后评价费、工程建设检测费、电力工程技术经济标准编制费。

(1) 项目前期工作费在可研阶段费项可以参照以往合同，费用标准参照《预规》执行，也可以按（建筑工程费＋安装工程费)×费率计列，220kV 及以下的费率为 2.97%，500kV 及以下的费率为 2.52%，1000kV 及以下和直流 500kV 的费率为 2.35%；其他直流 800kV 和直流 1100kV 的费率为 2.15%；初设阶段按照合同金额据实计列。通信工程项目前期工作费的计算公式用于独立立项的通信工程，随变电站、换流站、输电线路工程同时立项和建设的通信工程执行变电站、换流站、输电线路工程的计算公式。

(2) 知识产权转让与研究试验费根据实际情况计列，如计列需提供支撑性依据。

(3) 勘察设计费可研阶段执行国家电网电定〔2014〕19 号文件，初设阶段按照合同金额据实计列。

(4) 设计文件评审费分为可行性研究设计文件评审费、初步设计文件评审费和施工图文件审查费，可行性研究设计文件评审费、初步设计文件评审费、施工图文件审查费均按照预规要求计列，详细内容见表 2-8 和表 2-9。

表 2-8　　变电站工程评审费费用规定

电压等级/kV	项目名称	规模	费用规定/万元	
			可行性研究	初步设计
35	新建工程	1组	1.7	3.0
	扩建主变压器工程	1组	0.7	1.5
	扩建间隔工程		0.35	0.5
110	新建工程	1组	5.0	7.5
	扩建主变压器工程	1组	1.4	2.0
	扩建间隔工程		0.6	0.8
220	新建工程	1组	6.7	12.0
	扩建主变压器工程	1组	2.0	3.5
	扩建间隔工程		1.0	1.5
330	新建工程	2组	16.0	23.0
	扩建主变压器工程	1组	5.0	7.0
	扩建间隔工程		2.0	3.0
500	新建工程	2组	24.0	34.0
	扩建主变压器工程	1组	8.0	11.0
	扩建间隔工程		3.0	4.0

表 2-9　　变电站及换流站工程施工图文件审查费

电压等级/kV	项目名称	规模	施工图文件审查费用/万元
35	新建工程	1组	4.0
	扩建主变压器工程	1组	2.0
	扩建间隔工程		0.7
110	新建工程	1组	10.5
	扩建主变压器工程	1组	2.5
	扩建间隔工程		1.0

续表

电压等级/kV	项目名称	规模	施工图文件审查费用/万元
220	新建工程	1组	16.0
	扩建主变压器工程	1组	4.2
	扩建间隔工程		1.8
330	新建工程	2组	32.0
	扩建主变压器工程	1组	10.5
	扩建间隔工程		3.5
500	新建工程	2组	40.8
	扩建主变压器工程	1组	14.5
	扩建间隔工程		4.5

330～1000kV新建工程按本期建设两组主变压器考虑，220kV及以下按新建一组主变压器考虑，每增减一组主变压器按照20%调整。扩建主变压器均按一组考虑，每增加一组主变压器费用增加20%。扩建主变压器工程综合考虑扩建出线。变压器保护改造按照同电压等级扩建间隔80%计列。

（5）项目后评价费一般不计列。

（6）工程建设检测费包括电力工程质量检测费、特种装备安全检测费、环境监测验收费、水土保持项目验收及补偿费和桩基检测费。其中电力工程质量检测费按照（建筑工程费+安装工程费）×0.28%计列。

（7）特种装备安全检测费按照《预规》要求计列，330kV及以下为1万元/站；750kV及以下为2万元/站；1000kV工程按照5万元/站，直流500kV工程按照3万元/站，直流800kV工程按照6.5万元/站，直流1100kV工程按照6.7万元/站。

（8）环境监测验收费根据工程所在省、自治区、直辖市行政主管部门的规定，按工程实际情况确定。

（9）水土保持监测及验收费按照近期合同金额计列；桩基检测费在变电工程中一般不计列，雄安地区的地下/半地下变电工程可能会计列，在计列时需提供依据。

（10）电力工程技术经济标准编制费 110kV 及以下时不计列，其他电压等级按照（建筑工程费＋安装工程费）×0.1%计列。

4. 生产准备费及其他

生产准备费包括管理车辆购置费、工器具及办公家具购置费、生产职工培训及提前进场费。

（1）管理车辆购置费和生产职工培训及提前进场费一般不计列，工器具及办公家具购置费在无人值守变电站中不计列，如需计列，按照（建筑工程费＋安装工程费）×费率。110kV 及以下新建工程的工程费率为 1.35%，220kV 新建工程的工程费率为 1.2%；110kV 及以下扩建工程的工程费率为 1.14%，220kV 扩建工程的工程费率为 1.02%。330kV 新建工程的工程费率为 1.18%，扩建工程的工程费率为 1.01%；500kV 新建工程的工程费率为 1.05%，扩建工程的工程费率为 0.89%；750kV 新建工程的工程费率为 0.85%，扩建工程的工程费率为 0.72%；1000kV 新建工程的工程费率为 0.78%，扩建工程的工程费率为 0.65%；±500kV 新建工程的工程费率为 0.91%，扩建工程的工程费率为 0.76%；±800kV 新建工程的工程费率为 0.72%，扩建工程的工程费率为 0.6%；±1100kV 新建工程的工程费率为 0.7%，扩建工程的工程费率为 0.58%。

（2）大件运输措施费在计列时按照实际运输条件及运输方案计算。

（3）基本预备费按照可研阶段费率 2%，初设阶段费率 1.5%，施工图预算阶段费率 1%。

三、线路工程评审审查清单

（一）编制说明审查要点

在技经评审过程中，应首先评审工程估算或概算的编制说明部分。编制说明主要审查工程概况、编制原则及依据、工程造价水平分析和工程造价控制情况分析。

1. 工程概况审查要点

各类线路应包括：线路经过地区的地形、地貌、地质、地下水位、风力、地震烈度；线路亘长；导、地线型号，杆塔类型；静态投资、静态单位投资，动态投资、动态单位投资；资金来源；计划投产日期；外委设计项目名称及分工界限等。

2. 编制原则及依据审查要点

编制原则及依据审查要点包括编制范围、工程量计算依据、定额（指标）和《预规》选定、装置性材料价格选用、设备价格获取方式、编制基准期确定、编制基准期价差调整依据、编制基准期价格水平等。

3. 工程造价水平分析审查要点

投资估算及初步设计概算均应与本年度相关工程造价水平进行对比分析。

4. 工程造价控制情况分析审查要点

施工图预算总投资应控制在批准的初步设计概算总投资范围内；初步设计概算总投资应控制在可行性研究估算总投资范围内；如因特殊原因超出总投资，应做具体分析，并重点叙述超出原因及合理性，报原审批单位批准。

（二）总概算表审查要点

审查总概算表主要对指标进行技术经济比较，通过与相同技术方案参考控制线和通用造价比较，确保工程造价在合理范围内，对于偏差较大的费用，要在后续的表格中重点审查。

审查总概算表时，应将工程造价与同技术方案参考控制线和通用造价比较，重点审查总体投资和各项费用占比情况。

1. 工程造价与参考控制线对比分析

首先审查工程投资与参考控制线的总体价格差异，各电压等级主要技术方案标准参考价见表 3-1～表 3-4（参照 2020 年多维立体参考价）。

表 3-1　500kV 线路工程概算水平标准参考价　单位：万元/km

技术方案	静态投资	本体费用	其他费用	
			总额	建场费
5A	248	196	52	20
5C	462	359	103	32
5B	250	209	41	19
5E	490	365	125	76

表 3-2　　　　220kV 线路工程概算水平标准参考价　单位：万元/km

技术方案	静态投资	本体费用	其他费用	
			总额	建场费
2A	105	84	21	6
2D	181	147	34	13
2B	114	88	25	13
2E	226	177	49	27

表 3-3　　　　110kV 线路工程概算水平标准参考价　单位：万元/km

技术方案	静态投资	本体费用	其他费用	
			总额	建场费
1A	74	59	15	6
1D	132	105	27	13
1A	85	66	18	8
1D	148	116	31	16

表 3-4　　　　主要技术方案描述

电压等级/kV	技术方案	方案描述
500	5A	4×400 单回
	5C	4×400 双回
	5B	4×630 单回
	5E	4×630 双回
220	2A	2×300 单回
	2D	2×300 双回
	2B	2×400 单回
	2E	2×400 双回
110	1A	1×240 单回
	1D	1×240 双回
	1A	1×300 单回
	1D	1×300 双回

通过与标准参考价进行对比分析，发现差异较大的费用，之后要着重审查。工程造价水平超过标准参考价10%以内，应提供专题论证材料；工程造价水平超过标准参考价10%以上，应开展技术方案技术经济比选，说明该方案的充分必要性。

2. 工程造价与通用造价对比分析

将工程概预算与通用造价进行对比分析，已成为可研和初设评审时的必要环节。在与通用造价进行对比时，首先要选用对应电压等级、对应技术方案的通用造价，然后按照工程规模进行调整。在对比分析时，应按照建筑工程费、设备购置费、安装工程费、其他费用分别进行。对于与调整后的通用造价差异较大的，应分析造成造价差的主要原因，由此考虑工程造价是否合理。

针对已编制完成的设计概算，需要与通用造价中相应方案的技术指标和经济指标做对比。本书选取了500kV、220kV和110kV的典型方案，地形以平原为例，其技术指标见表3－5，造价经济指标见表3－6。

表3－5　典型方案通用造价技术指标一览表

电压等级/kV	技术方案	导线/(t/km)	地线/(t/km)	杆塔数/(基/km)	塔材/(t/km)	基础钢材/(t/km)
500	5A	16.51	1.42	2.50	38.08	4.62
	5C	33.02	1.42	2.20	61.09	6.10
	5B	25.42	1.42	2.50	47.69	5.78
	5E	50.84	1.42	2.50	110.23	11.23
220	2A	7.05	1.44	2.94	22.47	4.24
	2D	14.09	1.44	2.94	37.70	6.77
	2B	8.29	1.40	2.94	24.59	5.04
	2E	16.81	1.44	2.94	38.08	7.23
110	1A	3.39	1.35	3.02	15.19	2.84
	1D	3.28	1.38	3.02	22.17	3.82

表 3-6　　　　典型方案通用造价经济指标一览表

电压等级/kV	技术方案	本体/(万元/km)	静态/(万元/km)	建场费	基础/(元/m³)	杆塔/(元/t)	架线/(元/km)	附件/(元/基)
500	5A	103.98	148.08	20	2317	9007	392847	54954
	5C	212.02	278.3	25	2102	8956	705195	112252
	5B	137.18	185.36	20	2255	8992	424310	59035
	5E	277.28	351.26	25	2070	8938	1082303	139798
220	2A	59.28	85.88	12	2165	9029	201662	20038
	2D	99.1	135.24	15	2096	8979	345713	37888
	2B	63.06	89.7	12	1922	9049	227677	57236
	2E	104.02	140.5	15	2165	8979	387717	37940
110	1A	36	53	8	1779	9188	127153	8562
	1D	48	69	10	1857	9297	125200	13066

（三）架空输电线路工程及通信工程项目划分

架空输电线路本体工程包括基础工程、杆塔工程、接地工程、架线工程、附件安装工程、辅助工程。目前通信站工程与变电工程合并，通信线路工程与架空输电线路工程合并，不再作为独立工程列出。

架空输电线路工程费用划分中的注意事项包括以下内容：

（1）架空输电线路工程的基础工程、杆塔工程、接地工程、架线工程、附件安装工程、辅助工程均列入安装工程费。

（2）架空输电线路辅助设施工程的相关费用称为辅助设施工程费，其计列按照性质列入建筑工程费、安装工程费、设备或材料费用中。

（3）架空输电线路工程中，避雷器及监测装置等属于设备，在编制建设预算时计入设备购置费。

通信工程费用划分中的注意事项包括以下内容：

（1）独立建设通信站相关的机房建筑、微波塔及基础、卫星天线支架及基础、太阳能供电系统支架及基础、供水系统建筑及辅助生产建筑、站区性建筑、特殊构筑物、站区绿化等列入建筑工程费。

（2）各类通信设备、通信光（电）缆及其辅助装置的组合、装配、安装、接地及本机性能测试、系统调测列入安装工程费。电力无忧专网工程建设的钢管杆、铁塔组立及其相关的工地运输、土石方工程、基础工程列入安装工程费。

（3）凡通信工程建设预算定额中已明确规定列入安装工程的项目，按定额中的规定执行，如支撑杆安装、通信业务调试等列入安装工程费。

（4）通信工程中的各类通信设备、监控设备、安全防护设备、网络管理设备、通信电源设备及附属办卡等属于设备，与设备配套使用的各类配线架属于设备；通信成套设备内部的电缆连线、跳线、跳纤等属于设备。

（5）通信工程中用于支撑无线设备安装的杆、塔、支架等属于材料；材料线路的光缆、音频电缆、杆、金具、保护管、接续盒、余缆架等属于材料；连续设备之间的缆、线、软光纤等属于材料；光（电）缆的辅助设施槽盒、走线架属于材料。

（四）架空输电线路工程单位工程审查要点

1. 基础工程

基础工程包括基础工程材料工地运输、基础土石方工程、基础砌筑、基础防护、地基处理。其中，基础砌筑又分为预制基础、现浇基础、灌注桩基础、锚杆基础和其他基础。基础工程技经评审时要注意以下内容：

（1）基础工程材料工地运输在可研阶段人力运输在平地、丘陵、山地地形条件下分别按照 0.25km、0.6km、0.9km 计列，在初设阶段分别按照 0.2km、0.5km、0.8km 计列。汽车运输按照线路路径长度的 0.6～0.8 倍计列，不足 5km 按 5km 考虑。平地机械化施工一般不考虑人力运输。

（2）金具、绝缘子、零星钢材运输重量等于设计重量（或预算量）×(1＋施工损耗率)×单位运输重量，单位运输重量参照线路预算定额。

（3）商品混凝土不考虑人力运输和汽车运输；砂、石不考虑装卸及汽车运输。

（4）灌注桩泥浆按余土外运处理。余土外运：灌注桩按桩设计零米以下混凝土体积（m^3）×1.7t/m^3，现浇、预制、挖孔基础按地面以下混凝土体积（m^3）×1.5t/m^3。

（5）混凝土及垫层现场浇制中，养护、浇制用水定额已含 100m 以内运输，如果运距超过，可按每立方混凝土 500kg 养护、浇制用水量执行“工地运输”定额，商品混凝土可按每立方米混凝土 300kg 养护用水量执行“工地运输”定额。

（6）针对电杆坑、塔坑、拉线坑人工挖方（或爆破）及回填工程量的计算，在土石方坑深计算时需加上基础垫层的厚度。其操作裕度计算基数按照当无垫层或垫层为坑底铺石时，按基础宽、长每边均增加施工中的操作裕度；垫层为坑底铺石灌浆、混凝土时，按垫层宽（长）每边增加施工中的操作裕度。灰土垫层、挖孔基础不考虑裕度。

（7）地质分为普通土、坚土、松砂石、岩石、泥水、流沙、干砂、水坑八种，其施工操作裕度见表 3－7，基坑挖方及回填地质要根据地勘报告确定土质比例。除挖孔和灌注桩基础外，不作分层计算。选含量较大土质类型。当出现流沙时，全坑按流沙坑计算。出现地下水涌出时，全坑按水坑计算。

表 3-7　施工操作裕度表

土质	普通土、坚土、水坑、松砂石	泥水、流沙、干砂	岩石	
			有模板	无模板
每边操作裕度/m	0.2	0.3	0.2	0.1

(8) 在计列基坑挖方工程量时，要注意人工和机械挖方边坡系数不同。当人工土石方工程坑深大于 1.2m，机械土石方工程在普通土、坚土坑深大于 1.2m，松砂石坑深大于 1.8m 时按边坡系数计算。人工和机械土石方边坡系数见表 3-8 和表 3-9。

表 3-8　人工土石方边坡系数表

坑深	坚土	普通土、水坑	松砂石	泥水、流沙、干砂、岩石
2.0m 以下	1∶0.10	1∶0.17	1∶0.22	无边坡
3.0m 以下	1∶0.22	1∶0.30	1∶0.33	无边坡
3.0m 以上	1∶0.30	1∶0.45	1∶0.60	无边坡

表 3-9　机械土石方边坡系数表

分类	普通土、坚土	松砂石	岩石
机械坑内挖	1∶0.33	1∶0.10	无边坡
机械坑上挖	1∶0.75	1∶0.33	无边坡

(9) 当挖土方大于基础混凝土量 10 倍时，需设计核实。

(10) 挖孔基础机械挖方定额机械已按照履带式旋挖钻机计列费用，不要重复计列。

(11) 针对挖孔基础挖方，工程量按基础设计混凝土量扣除露出地面部分的混凝土量计算；计算土石方量要按地质不同分层，分层土质底部至地面的高度作为坑深套用定额子目。

(12) 计列钢筋加工及制作工程量时按照设计净用量，不含加工制作、安装过程中的损耗量，不包括热镀锌。

(13) 基础垫层的垫层石子要按垫层体积计算。混凝土量计算时按设计图示尺寸。

(14）混凝土基础的保护帽按照设计规定计列。

(15）计列商品混凝土浇制时，应该按照铁塔的塔腿计算工程量并选取定额，即如按照每基铁塔计提工程量时，在计列商品混凝土浇制时应将工程量除以 4。

(16）计列商品混凝土浇制时无筋基础按有筋基础相应定额乘以系数 0.95，无模板基础按现浇基础定额乘以系数 0.9。

(17）一般钢筋、地脚螺栓、混凝土直接按照信息价计列。

(18）灌注桩基础不包括基础防沉台、承台、框梁的浇制。如有套用现浇，需套用搭平台的定额乘以系数 1.2。

(19）钢筋笼加工及制作工程量按照设计净用量，不含加工制作、安装过程中的损耗量，不包括热镀锌。

(20）机械推钻成孔按土质、孔深和孔径设置，凡 1 孔中有不同土质时，应分层计算。按地质资料分层计算工程量，分层土质底部至地面的高度作为孔深套用定额相应子目。当灌注桩基础机械推钻成孔的孔径大于 2.2m 时使用趋势外推法计算，具体计算方法在后续专题中详细介绍。

(21）在计列机械推钻成孔时，需注意钢管杆单基按 1 孔考虑。

(22）在计列桩基础混凝土浇灌时，灌注桩充盈量按照 17%，挖孔桩充盈量按照 7%，岩石灌浆充盈量按照 8%，现浇护壁充盈量按照 17%；加灌量由加灌长度引起，加灌长度按 0.5m 计算；工程量＝设计量×(1＋充盈量)＋加灌量。

(23）国能发电力〔2018〕81 号文件新增了商品混凝土浇制钻孔灌注桩基础，定额编号是 YX3－175，注意区分现浇混凝土和商品混凝土在套用定额时的差异。

(24）钢筋笼工程量按照设计工程量×(1＋0.5%＋6%）计列，钢筋笼、地脚螺栓、混凝土直接按信息价计列。

2. 杆塔工程

杆塔工程包括杆塔工程材料工地运输、杆塔组立，杆塔组立分为混凝土杆组立和铁塔、钢管杆组立。杆塔工程技经评审时要注意以下内容：

（1）钢管杆的运输不计人力运输。

（2）铁塔用型钢、钢管、联板、螺栓、脚钉、爬梯、避雷器支架计入塔材重量。

（3）角钢塔材的运输重量按照运输重量＝铁塔材料费计重量＋螺栓、垫圈、脚钉材料费计重量×1.01（包装系数）。

（4）钢管杆组立按照单杆整根、单根分段和“每基重量”设置定额子目，使用时根据实际情况套用相应定额子目。

（5）角钢塔组立按“塔全高”和“每米塔重”设置定额子目，重量为净重量，不包括材料的施工损耗。

（6）角钢塔组立工程量按照设计量。

（7）角钢塔的工程量按照设计量×(1＋0.5%）计列，其单价按预算价进本体，若有螺栓及脚钉按3%损耗考虑。

（8）钢管杆的工程量按照设计量计列，其单价按预算价进本体。

3. 接地工程

接地工程包括接地工程材料工地运输、接地土石方、接地安装。接地工程技经评审时要注意以下内容：

（1）计算人工挖接地槽土方，V＝槽宽(m)×长度(m)×槽深(m)，一般情况下槽宽按0.4m计算；如接地装置需加降阻剂，槽宽可按0.6m计算。

（2）接地槽挖方（或爆破）及回填工程量一般情况下在110kV线路工程中小于40m^3。

（3）垂直接地棒安装适用于钢管和角钢接地极，其长度按2.5m考虑；若超过2.5m，乘以系数1.25。垂直接地棒安装不包括接地极之间的连接。

（4）在套用一般接地体安装定额时，石墨、不锈钢水平接地体敷设按“水平接地体敷设”并乘以系数0.8。

（5）接地圆钢直接按信息价计列，镀锌费含税价不超2000

元/t。

4. 架线工程

架线工程包括架线工程材料工地运输、导地线敷设、导地线跨越架设、其他架线工程。架线工程技经评审时要注意以下内容：

（1）张力架线不考虑线材的人力运输。

（2）导线工程量按照导线理论计算值乘以系数 1.15；地线工程量按照地线理论计算值乘以系数 1.1。

（3）导、地线的牵、张场每 6km 设置一处，OPGW 的牵、张场每 4km 设置一处。

（4）人工引绳展放工程量按照路径长度×回路数考虑；飞行器引绳展放工程量按照路径长度×回路数考虑。

（5）单根避雷线的张力放、紧线定额按单根计算，计列时需区分钢绞线和良导体。

（6）导线的张力放、紧线定额按截面和分裂数设置，架线长度按路径长度计算。定额按单回路考虑，若为双回路，定额人工、机械增加系数 0.75。

（7）如需计列驱鸟器，按照 100 元/个。

（8）架空导线工程量按照工程量＝设计量或理论量×(1＋损耗)（张力放线损耗按照 0.8%、一般放线损耗按照 0.04%），其单价按预算价进本体；地线工程量按照工程量＝设计量或理论量×(1＋损耗率)，损耗率一般取 0.3%，按预算价进本体。

（9）跨越一般公路和高速公路均按照双向四车道考虑，六车道时乘以系数 1.2，八车道时乘以系数 1.6。

（10）穿越电力线时，根据被穿越线路电压等级，套用“跨越电力线”定额并乘以系数 0.75。

（11）跨越土路、经济作物、果园房屋高度 10m 以下时，套用跨越低压、弱电线定额并乘以系数 0.8；当房屋高度超 10m，套用跨越低压、弱电线定额并乘以系数 1.5。果园、经济作物按

60m 为一处。

（12）跨越河流适用于有水的河流的一般跨越。在架线期间，人能涉水而过或正值干涸均不作为跨越河流计列。

（13）当双回线路跨越一般公路和低压弱电线时，定额人工、机械乘以系数 1.5，定额材料乘以系数 1.1。

（14）计列带电跨越措施费时，被跨电力线为多回路时，定额需乘以系数，双回路的系数为 1.5，三、四回路的系数为 1.75，五、六回路的系数为 2。单根线（避雷线、OPGW）跨越架设，定额乘以系数 0.1。概算中不计列 35kV 及以上线路带电跨越措施费。

5. 附件安装工程

附件安装工程包括附件安装工程材料工地运输、绝缘子串及金具安装，绝缘子串及金具安装分为耐张绝缘子串及金具安装和悬垂绝缘子串及金具安装。附件安装工程技经评审时要注意以下内容：

（1）耐张转角杆塔导线挂线及绝缘子串安装套用定额时按照电压等级、导线分裂数设置定额子目。

（2）在计列耐张绝缘子串数量时，耐张塔的单侧单相导线挂线及绝缘子串为一组，单回线路按照耐张塔数量的 6 倍，双回线路按照耐张塔数量的 12 倍。注意事项：设计量可能包含试验用数量，概算计算工程量时要扣除试验用数量，试验用数量只计材料费。有电缆终端塔时，还要按照每基 3 组扣除。

（3）直线杆塔绝缘子串悬挂安装按照电压等级、绝缘子串配置型式设置定额子目。

（4）直线杆塔绝缘子串悬挂安装工程量单回线路按照直线塔数量的 3 倍，双回线路按照直线塔数量的 6 倍计列。

（5）导线缠绕铝包带线夹安装定额按电压等级、导线分裂数设置定额子目，铝包带材料已包含在定额中，不单独计列材料费。

（6）导线缠绕铝包带线夹安装工程量单回线路按照直线塔数量的 3 倍，双回线路按照直线塔数量的 6 倍计列。

（7）均压环、屏蔽环安装定额按电压等级和杆塔型式（直线、耐张）设置定额子目。

（8）国能发电力〔2018〕81 号文件新增了 220kV 及以下均压环、屏蔽环安装，定额编号为 YX6－89 和 YX6－90。

（9）防振锤安装定额按导线分裂数设置定额子目。防振锤安装时需缠绕预绞丝的，在该定额基础上考虑 1.2 的系数。

（10）重锤安装定额按重锤重量设置定额子目。

（11）跳线制作及安装定额按电压等级、导线分裂数设置定额子目，定额中不包括跳线绝缘子串悬挂安装。

（12）计列跳线材料量时在单回线路按照耐张塔和转角塔每基 3 相，双回线路按照耐张塔和转角塔每基 6 相。需要注意部分塔没有跳线串，但仍需进行跳线制作及安装工作，因此跳线制作及安装定额工程量与跳线串材料量可能会不一致。

6. 辅助工程

辅助工程包括尖峰，施工基面土石方工程，护坡，挡土墙及排洪沟，基础永久性围堰，索道站安装，杆塔上装的各种辅助生产装置和输、送电线路试运，其中护坡、挡土墙及排洪沟分为护坡、挡土墙及排洪沟材料工地运输，护坡、挡土墙及排洪沟土石方工程，护坡、挡土墙及排洪沟砌筑，基础永久性围堰分为基础永久性围堰材料工地运输、基础永久性围堰土石方工程、基础永久性围堰砌筑。辅助工程技经评审时要注意以下内容：

（1）施工道路的路床整形如考虑施工道路的拆除清理，定额人工、机械要乘以系数 0.7；概算计列时按照机械化施工专项方案逐基据实计列，不得估列工程量。

（2）护坡、挡土墙及排洪沟砌筑的土石方工程套用排水沟挖方定额。

（3）耐张线夹X射线探伤以“基”为单位，单回线路每基塔单侧为1基。

（4）护坡、挡土墙及排洪沟砌筑工程量按设计图示实砌体积计算。

（5）同塔同时架设多回线路时，输电线路试运第二回线路定额乘以系数0.7。

（6）防鸟刺安装、耐张线夹X射线探伤、杆塔标识牌安装列入辅助工程。

7. 通信线路工程

通信线路工程技经评审时要注意以下内容：

（1）OPGW的汽车运输工程量按照理论工程量乘以1.2计算。

（2）OPGW的牵张场按照4km一处考虑。

（3）OPGW的张力紧放线安装定额按单根计算，若为双回路OPGW，需要乘以2。

（4）OPGW单盘测量按照每盘4km考虑。

（5）OPGW接续只计算架空部分的连接头，两端接线盒至机房部分列入电气部分。

（6）OPGW工程量按设计量考虑，OPGW按照17000元/km，ADSS按照15000元/km进本体计算，按信息价计列价差。

（7）采用ADSS套用通信线路定额，OPGW计入导地线架设部分。

（五）线路工程其他费用审查要点

其他费用包括建设场地征用及清理费、项目建设管理费、项目建设技术服务费、生产准备费、大件运输措施费、专业爆破服务费。计算原则如下：

1. 建设场地征用及清理费

建设场地征用及清理费包括土地征用费、施工场地租用费、余物清理费、输电线路走廊施工赔偿费、输电线路跨越补偿费、通信设施防输电线路干扰措施费、水土保持补偿费。

（1）110kV、220kV、500kV 单回线路塔基占地面积按照后续专题计算面积计列，征地单价参照片区地价，若设计有塔型明细和根开等资料按提资计算。

（2）施工场地租用费中材料站按照线路路径长度 20km 一处设置，10 万元/处计列；牵张场按照导线 6km 一处，OPGW4km 一处设置，单价分别按照 0.3 万元/处、0.5 万元/处计列。

（3）余物清理费按照新建工程直接费×费率，拆除后能利用的费率按 55%，拆除后不能利用的费率按 38%。

（4）输电线路走廊施工赔偿费分为线路工程青苗赔偿和机械化施工青苗赔偿。线路工程青苗赔偿按照路径走廊长度×宽度计列，110kV、220kV、500kV 线路的走廊宽度分别按照 4.5m、6m、8m 计列，赔偿单价按照 0.21 万元/亩，特殊情况需提供费用计列依据。

（5）输电线路跨越补偿费计列时需提供设计依据。

（6）通信设施防输电线路干扰措施费在跨越通信线路时计列。

2. 项目建设管理费

项目建设管理费包括项目法人管理费、招标费、工程监理费、设备材料监造费、施工过程造价咨询及竣工结算审核费、工程保险费。

（1）项目法人管理费按照（建筑工程费＋安装工程费）×费率计列，330kV 及以下线路工程的费率按照 1.17%，500kV 和 750kV 线路工程的费率按照 0.95%计列，1000kV 线路工程的费率按照 0.81%计列，±500kV 线路工程的费率按照 1.05%计列，±800kV 线路工程的费率按照 0.94%计列，±1100kV线路工程的费率按照 0.92%计列。

（2）招标费按照安装工程费×费率计列，220kV 及以下线路工程的费率按照 0.28%计列，330～750kV 线路工程的费率按照 0.16%计列，1000kV 线路工程的费率按照 0.15%计列，±500kV线路工程的费率按照 0.21%计列，±800kV 线路工程的费率按照 0.16%计列，±1100kV 线路工程的费率按照 0.14%计列。架空交流输电线路长度超过 300km 时，超过部分乘以系数 0.8，架空直流输电线路长度超过 1500km 时，超过部分乘以系数 0.8。

（3）工程监理费参照《预规》执行，按照路径长度×费率计列。

（4）施工过程造价咨询及竣工结算审核费按照（建筑工程费+安装工程费）×费率计列，220kV 及以下线路工程的费率按照 0.47%计列，330kV、500kV、750kV、±500kV 线路工程的费率按照 0.4%计列，1000kV 线路工程的费率按照 0.32%计列，±800kV、±1100kV 线路工程的费率按照 0.35%计列。如只开展工程竣工结算审核工作，按本费率乘以系数 0.75；架空交流输电线路长度超过 300km 时，超过部分乘以系数 0.8，架空直流输电线路长度超过 1500km 时，超过部分乘以系数 0.8；费用计算低于 3000 元时，按 3000 元计列。

（5）线路工程的设备监造费一般不计列，500kV 及以上架空输电线路工程材料如发生监造，按相关规定另行计列。

（6）工程保险费目前一般工程中未计列，如需计列应根据项目法人及工程实际情况，经风险评估、专题分析、评审审批等程序后，按照确定的保险范围和费率计列。

3. 项目建设技术服务费

项目建设技术服务费包括项目前期工作费、知识产权转让与研究试验费、勘察设计费、设计文件评审费、项目后评价费、工程建设检测费、电力工程技术经济标准编制费。

（1）项目前期工作费在可研阶段费项可以参照以往合同，费用标准参照《预规》执行，也可以按安装工程费×费率计列。20km及以下的费率为4.29%，20～50km的费率为3.68%，50～100km的费率为3.07%，100km以上的费率为2.05%；初设阶段按照合同金额据实计列。通信工程项目前期工作费的计算公式用于独立立项的通信工程，随变电站、换流站、输电线路工程同时立项和建设的通信工程执行变电站、换流站、输电线路工程的计算公式。架空交流输电线路长度超过300km时，超过部分乘以系数0.8；架空直流输电线路长度超过1500km时，超过部分乘以系数0.8。

（2）知识产权转让与研究试验费要根据实际情况计列，如计列需提供支撑性依据。

（3）勘察设计费可研阶段执行国家电网电定〔2014〕19号文件；初设阶段按照合同金额据实计列。

设计文件评审费分为可行性研究设计文件评审费、初步设计文件评审费和施工图文件审查费，其中可行性研究设计文件评审费、初步设计文件评审费、施工图文件审查费均按照《预规》要求计列，详细内容见表3-10～表3-12。

表3-10　　架空线路工程评审费费用规定

电压等级/kV	线路长度/km	费用规定/(万元/km)	
		可行性研究评审	初步设计评审
35	5及以内	0.23	0.32
	5～10（含）	0.13	0.19
	10以上	0.10	0.15
110	5及以内	0.28	0.40
	5～10（含）	0.22	0.32
	10～30（含）	0.19	0.23
	30以上	0.16	0.20

续表

电压等级/kV	线路长度/km	费用规定/(万元/km)	
		可行性研究评审	初步设计评审
220	10 及以内	0.35	0.50
	10～30（含）	0.24	0.32
	30 以上	0.20	0.29
500	10 及以内	0.70	1.00
	10～30（含）	0.37	0.51
	50～200（含）	0.30	0.34
	200 以上	0.15	0.20

表 3－11　　架空线路工程施工图文件审查费

电压等级/kV	施工图阶段	
	线路长度/km	评审费/(万元/km)
35	5 及以内	0.43
	5～10（含）	0.25
	10 以上	0.20
110	5 及以内	0.50
	5～10（含）	0.36
	10～30（含）	0.26
	30 以上	0.24
220	10 及以内	0.62
	10～30（含）	0.36
	30 以上	0.33
500	10 及以内	1.19
	10～30（含）	0.53
	50～200（含）	0.38
	200 以上	0.24

表 3-12　　　电缆线路工程施工图文件审查费

电压等级/kV	施工图阶段	
	线路长度/km	评审费/(万元/km)
35	0.5 及以下	0.72
	0.5 以上	0.70
110	1 及以下	1.60
	1 以上	0.78
220	1 及以下	2.68
	1 以上	1.22

表 3-10～表 3-12 以单回线路为基础，同塔双回线路工程乘以系数 1.8，同塔三回线路工程乘以系数 1.9，同塔四回线路工程乘以系数 2.0。

覆冰 20mm 及以上线路工程乘以系数 1.3；基本设计风速为 30m/s 及以上时，乘以系数 1.1。

110kV 及以下架空输电线路工程长度不足 5km，按 5km 计算；220kV 及以上架空输电线路工程长度不足 10km，按 10km 计算。

500kV 采用 630mm^2 及以上大截面导线时乘以系数 1.2。

当交流输电线路长度超过 500km、直流输电线路长度超过 1800km 时，超过部分乘以系数 0.8。

评审费按差额定律累进法计算。

大跨越工程按基本设计费的 4.8%计算。

该费用不包括设计方案发生重大变化时的评审费用。

(4) 工程建设检测费包括电力工程质量检测费、特种装备安全检测费、环境监测验收费、水土保持项目验收及补偿费和桩基检测费。其中电力工程质量检测费按照（建筑工程费+安装工程费）×0.22%计列；特种装备安全检测费不计列；环境监测验收费根据实际情况计列，如计列需提供支撑性依据；水土保持项目验收及补偿费按照近期合同金额计列；桩基检测费按照 500

元/根计列。

(5) 项目后评价费一般不计列。

4. 生产准备费及其他

生产准备费包括管理车辆购置费、工器具及办公家具购置费、生产职工培训及提前进场费。

(1) 工器具及办公家具购置费按照（建筑工程费＋安装工程费）×费率计列，220kV 及以下线路工程的费率按照 0.21％计列，330～500kV 线路工程的费率按照 0.15％计列，750kV 线路工程的费率按照 0.11％计列，1000kV 线路工程的费率按照 0.07％计列，±500kV 线路工程的费率按照 0.12％计列，±800kV线路工程的费率按照 0.08％计列，±1100kV 线路工程的费率按照 0.07％计列。

(2) 管理车辆购置费、生产职工培训及提前进场费和大件运输措施费一般不计列。

(3) 基本预备费在可研阶段按照 2％计列，初设阶段按照 1.5％，施工图预算阶段按照 1％计列。

四、典 型 专 题

(一) 灌注桩孔径超 2.2m 计算方法

当灌注桩孔径超 2.2m，使用造价软件编制估概算时，将鼠标定位到工程量统计界面的灌注桩基础那个位置，可以看到孔径超过 2.2m 的显红色并且生成提示显示那里无法套取定额，针对这种情况，可以采用趋势外推法确定对应的定额。

以孔径 2.8m，孔深 12.5m 为例，此时手动输入的定额为 YX3-100，人工调整系数为 1.25，材料调整系数为 1.24，机械调整系数为 1.18。

计算方法：采用孔径 2.2m 的钻孔灌注桩基定额时，人工费为 271.66 元，材料费为 19.39 元，机械费为 186.5 元；采用孔径 2.0m 的钻孔灌注桩基定额时，人工费为 249.1 元，材料费为 17.84 元，机械费为 175.56 元。

设：孔径为 2.8m 的定额人工费为 X_1，材料费为 X_2，机械费为 X_3，则人工调整系数为

$$\frac{X_1-271.66}{271.66-249.1}=\frac{2.8-2.2}{2.2-2.0}$$

求得 $X_1=339.34$，则调整系数$=X_1/271.66=1.249$。

材料调整系数为

$$\frac{X_2-19.39}{19.39-17.84}=\frac{2.8-2.2}{2.2-2.0}$$

求得 $X_2=24.04$，则调整系数$=X_2/19.39=1.239$。

机械调整系数为

$$\frac{X_3-186.5}{186.5-175.56}=\frac{2.8-2.2}{2.2-2.0}$$

求得 $X_3=219.32$，则调整系数 $=X_3/186.5=1.175$。

然后在软件中定位到安装工程中的灌注桩基础部分，录入孔径 2.2m 的钻孔灌注桩基定额，并在人、材、机系数上分别调整 1.249，1.239，1.175，计算式录入挖孔深度×基数即可。

（二）吊车组塔施工场地临时占地面积测算

针对线路工程青苗赔偿面积的计列，在机械化施工推广之前，按照青苗赔偿面积＝路径长度×宽度（110kV、220kV、500kV 线路宽度分别按照 4.5m、6m、8m 计列）的方式计列，主要考虑人力架线需要沿着线路走廊进行操作。随着线路工程机械化施工的全面应用，采用吊车进行组塔和张力机、牵引机进行架线，这种青苗赔偿面积计列方式已与工程的实际施工方式不一致。关于机械化线路施工青苗赔偿面积的计列，需要考虑吊车组塔施工场地临时占地面积以及跨越架搭拆操作面积。

吊车组塔的工作流程分为核对塔材、地面组装、吊车进场、吊装作业、自检消缺、整理进场。根据《国家电网有限公司输变电工程安全文明施工标准化管理办法》，吊车组塔现场布置示意图如图 4－1 所示。

由于现场情况复杂多变，吊装方案、塔材摆放原则、现场布置规则的不同将影响占地面积，因此绘制施工现场布置图前应确定各影响因素的选取原则。

1. 确定吊装方案

吊装方案内容包括吊装方式选择、吊车型号计算和选取、吊车作业方式确定、地面组装方式选取等。

（1）根据不同塔型，吊装方式可分为两种。

1）第一种方式为塔高、塔重较小时，使用一种型号的吊车

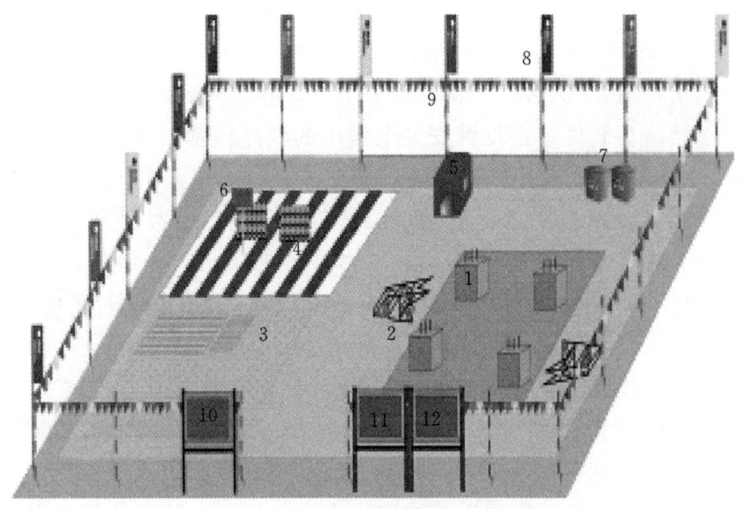

图 4-1　吊车组塔现场布置示意图

1—基础；2—吊装件；3—未组装材料；4—螺栓；5—休息区；
6—工器具；7—消防器材；8、9—围栏；10～12—展示板

完成全部吊装，吊车性能参数满足工作要求。

2）第二种方式是为塔高、塔重较大时，选择不同吨位吊车进场顺序组装。小吨位吊车吊装先进场，组装完毕能吊装的塔段后，大吨位吊车再进场吊装剩下的部分。各参数经计算后应满足要求。

（2）吊车规格选取应与定额选取一致。因为吊车组塔定额尚未公布，因此应按照施工单位调研情况，结合工程现场实际选取。

目前线路施工常用的吊车规格有 25t、50t、70t、130t、220t、300t 等。

25t 吊车的最大额定起重重量为 25t，最大起升高度为 48m。

50t 吊车的最大额定起重重量为 50t，最大起升高度为 58m。

70t 吊车的最大额定起重重量为 70t，最大起升高度为 60m。

130t 吊车的最大额定起重重量为 130t，最大起升高度

为 86m。

220t 吊车的最大额定起重重量为 220t，最大起升高度为 96m。

300t 吊车的最大额定起重重量为 300t，最大起升高度为 122m。

选取吊车型号应根据塔高和塔重综合考虑，本书选取的塔型均为典型塔型，未考虑跨越塔。

110kV 单回线路铁塔重量一般为 3～7t，塔全高一般为 20～30m，可采用 25t 吊车。

110kV 双回线路铁塔重量一般为 4～10t，塔全高一般为 20～40m，可采用 25t、50t 吊车。

220kV 单回线路铁塔重量一般为 4～15t，塔全高一般为 30～60m，可采用 25t、50t、70t 吊车。

220kV 双回线路铁塔重量一般为 10～40t，塔全高一般为 40～60m，可采用 70t、130t 吊车配合 25t 吊车。

500kV 单回线路铁塔重量一般为 10～40t，塔全高一般为 40～60m，可采用 70t、130t、220t 吊车配合 25t 吊车。

500kV 双回线路铁塔重量一般为 20～100t，塔全高一般为 60～80m，可采用 130t、220t、300t 吊车配合 25t 吊车。

（3）吊车作业方式。

1）使用第一种吊装方案时，吊车采取单边作业，工作时由进场侧进入场地后，定位在进场一侧的合适位置后不再移动，转弯角度为 0°。

2）使用第二种吊装方式时，小吨位吊车进场后采取全场移动作业，最大转弯角度可达 360°。大吨位吊车采取单边作业，进场后定位在进场一侧后不再移动位置。

（4）地面组装方式选择。地面组装方式分为分片、分段和整体三种。

1）分片组装指按照塔型结构图段高分为各个小段，组装为前后两片，分片吊装，合为一小段。

2）分段组装指在吊车能力范围内组成 2 个及以上大段，四面拼为笼形，吊装时整段吊装。

3）整体组装是在地面完成全部塔材组装，整体组立。

塔高、塔重较小时，可选择分段或整体组装；塔高、塔重较大时，可选择分片组装或两者结合。

地面组装应按照塔腿—塔身—横担—塔头的顺序组装完成。

根据以上原则，可确定各电压等级铁塔吊装方案表，见表 4－1。

表 4－1　各电压等级吊装方案表

电压等级（区分回路数）/kV	吊装方式	吊车规格和作业方式				地面组装方式	
		小吨位吊车		大吨位吊车		高度以下	高度以上
110（单回）	单吊	25t	固定	—	—	分段	—
110（双回）	单吊	25t、50t	固定	—	—	分段	—
220（单回）	单吊	25t、50t、70t	固定	—	—	分段	—
220（双回）	双吊	25t	移动	70t、130t	固定	分片	分段
500（单回）	双吊	25t	移动	70t、130t、220t	固定	分片	分段
500（双回）	双吊	25t	移动	130t、220t、300t	固定	分片	分片

2. 塔材摆放原则

（1）110kV 单回、110kV 双回、220kV 单回线路吊装方案选择单吊方案，一般要求吊车进场前完成全部塔材的组装，布置在基础两侧。

（2）220kV 双回、500kV 单回、500kV 双回线路选择双吊方案，小吨位吊车进场前应将起升范围内的塔材组装完毕，布置在基础两侧和对侧。小吊车作业的同时组装其余塔材，大吊车进场后布置在基础两侧。

3. 现场布置原则

（1）一般情况下，为进出场方便，辅助设施布置在进场侧，较大吨位吊车由于吊装过程中不移动位置，因此吊车应布置在进场侧。特殊情况根据现场情况调整。

(2) 吊车进场后，应定位于基础附近。为方便施工，板式基础需考虑一定的放坡系数，吊车定位、移动或转弯时应在放坡之外，即吊车转弯半径应大于基础外边长与两边放坡宽度之和。桩基础不考虑放坡，可按基础外边计算。

(3) 所有吊装件的吊装点应布置在吊车作业幅度内，一般取吊装件底部2/3左右作为吊装点。

(4) 吊车作业时应考虑与周围有一定的安全距离。本书按1m考虑。

(5) 除吊车作业区域外，还应设置辅助设施区域。根据《国家电网公司电力安全工作规程　电网建设部分（试行）》规定，起重臂下和重物经过的地方禁止有人逗留或通过。因此，辅助设施区域应布置在吊车工作幅度以外。为进出场方便，辅助设施应设置在进场侧。

(6) 吊车采取移动作业时，小吨位吊车已完成部分吊装，大吨位吊车不需要移动位置，原有工作面积即可满足要求，只需在吊车侧预留出大吊车车身长度即可。

4. 绘制现场布置图

(1) 单吊车布置图如图4-2所示。其中长度和宽度公式为

$$\text{长度}=r+L/2+R_0+R_1+L_0$$
$$\text{宽度}=H_1+W+H_2 \tag{1}$$

(2) 双吊车布置图（180°）如图4-3所示。其中长度和宽度公式为

$$\text{长度}=L_1+R_1+\max(R_1,R_2)+L_2+L_0$$
$$\text{宽度}=H_1+W+H_1 \tag{2}$$

(3) 双吊车布置图（360°）如图4-4所示。其中长度和宽度公式为

$$\text{长度}=L_1+R_1+\max(R_1,R_2)+L_2+L_0$$

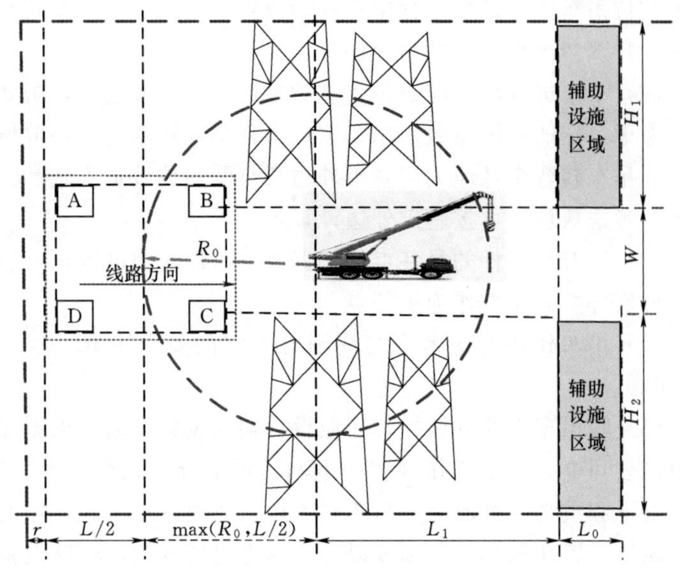

图 4-2　单吊车布置图

R_0—最高点吊车操作半径；H_1、H_2—铁塔吊装分段高度；L_1—吊车车身长度；
L_0—辅助设施宽度；L—基础外围边长+基础放坡宽度；
W—吊车通道宽度；r—安全距离

$$宽度=L_1+2R_1+L_1 \tag{3}$$

5. 参数赋值原则

由式（1）～式（3）可知，施工场地占地面积与铁塔高度、基础尺寸、吊车性能（臂长、操作半径）等有关。其中，铁塔高度、基础尺寸由电压等级、塔型等因素决定。吊车自身参数由铁塔高度、塔重等决定，而塔高、塔重由电压等级、塔型等因素决定。因此本书测算将按照不同电压等级区分，选取最常见的几种塔型，分别计算施工场地占地面积。

根据《国家电网公司输变电工程通用设计》（2017 版），结合常用地形、地貌、土质、风速等地理及气象环境，选取各电压等级典型塔型七到八种，选取结果如下：

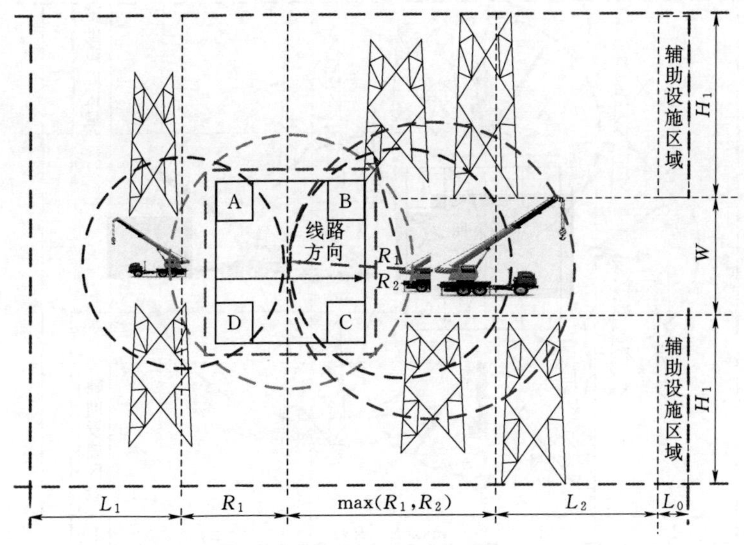

图 4-3 双吊车布置图（180°）

H_1—铁塔分片最大高度；R_1—小吊车最小工作幅度；W—吊车通道宽度；L_1、L_2—小吊车长度、大吊车长度；R_2—大吊车最小工作幅度

110kV 单回线路选取 1A1-ZM1-24、1A3-ZM1-24、1A3-J1-18、1A3-DJ-18。

110kV 双回线路选取 1D2-SZ1-24、1D3-SZ1-24、1D2-SDJ-18、1D5-SDJ-18。

220kV 单回线路选取 2B2-ZM1-24、2B3-ZM1-24、2B2-DJ-18、2B5-DJ-18。

220kV 双回线路选取 2E2-SZ1-24、2E3-SZ1-24、2E2-SDJ-18、2E5-SDJ-18。

500kV 单回线路选取 5A1-ZM1-24、5A2-ZM1-27、5A2-DJ1-21、5A3-DJ1-21。

500kV 双回线路选取 5C1-SZ1-24、5C3-SZ1-24、5C3-SDJ-21。

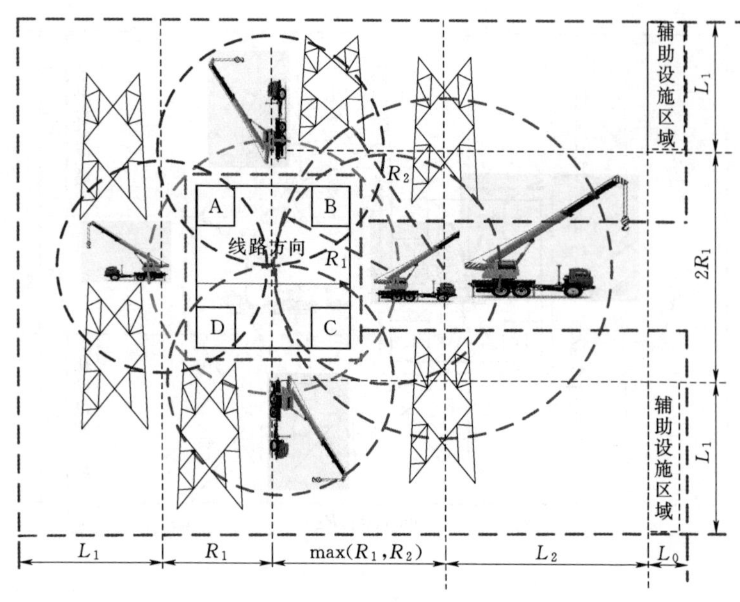

图 4-4　双吊车布置图（360°）

L_1、L_2—小吊车长度、大吊车长度；R_1—小吊车最小工作幅度；R_2—大吊车最小工作幅度

（1）确定基础参数。基础型式分为直柱柔性基础和桩基础。基础边长可根据基础根开加基础宽度确定。放坡宽度按照挖深乘以 0.5 确定。桩基础不计放坡宽度。

（2）确定吊车各参数。吊车规格确定后，根据吊车参数和性能曲线图可知不同起升高度时的工作半径、最小转弯半径和全车长度、宽度。

（3）计算吊装件高度。

1）分段组装。吊装件高度由最小分段数决定。最小分段数应根据塔重和塔全高综合确定。为简化计算，假定作业过程中吊车臂长不变，工作幅度随起升高度的变化而变化。计算过程如下：

a. 根据塔全高、吊车起重表确定吊车最小工作幅度，且最小工作幅度应大于塔心至基础放坡外边的距离。

b. 根据工作幅度确定起吊重量。

c. 根据每段重量应小于起吊重量的原则确定最小分段数。

d. 根据铁塔结构图确定每段高度，同时需满足吊件的吊装点（设为高度的2/3）在吊车最大工作幅度内。

2）分片组装。根据铁塔结构图即可确定每片高度。

（4）辅助设施区域宽度。一般施工帐篷或简易工棚宽度为4m，考虑2m的施工运输通道，因此可选取 $L_0=6$m。

（5）安全距离。基础外边与安全围栏之间的距离要考虑3m的安全通道宽度。

6. 计算实例

以双回直线塔1D2－SZ1－24为例，根据各参数分别计算长度和宽度。

由相关资料可知，1D2－SZ1－24塔全高为35.2m，塔重为6436kg。吊车选取25t。

由图4－2可知，长度 $=r+L/2+R_0+R_1+L_0$，宽度 $=H_1+W+H_2$。

L 为基础边长、基础根开、基础两边放坡宽度三者之和。基础根开为5.1m，基础边长为2.5m，放坡宽度为坑深乘以0.5，坑深为2.5m。因此 $L/2=(5.1+2.5+2.5\times0.5\times2)/2=5.05$m。

R_0 为最高点时吊车的最小操作幅度。由汽车式起重机起重性能表可知，最高点为35.2m，需选择39.5m臂长，对应的最小操作幅度 $R_0=9$m，且满足大于 $L/2$ 的要求。

R_1 为吊车车身长度加安全距离。由汽车式起重机起重性能表可知，$R_1=12.3+1=13.3$m。

则有

$$长度=r+L/2+R_0+R_1+L_0=3+5.05+9+13.3+6=36.35\text{m}$$

由汽车式起重机起重性能表可知，最小工作幅度9m对应的最大起重重量为5500kg，小于塔重，因此无法整体吊装，需分段吊装。

经计算，6436/5500＝1.17，先取最少分段数为 2，根据塔型结构图和材料表判断是否满足起重要求。

假设 3、4、5、6、7、8、9 为一大段，材料总重为 276＋241.4＋1134.9＋961.5＋1082＋752.5＋1594.8＝6043.1kg＞5500kg；不符合起重重量要求。

假设 4、6、7、8、9 段为一大段，材料总重为 241.4＋961.5＋1082＋752.5＋1594.8＝4632.2kg＜5500kg；1、2、3、5 段为一大段，材料总重为 1410.9kg＜5500kg。

因此确定最少分段数为 2 段，最大吊装高度为 4、6、7、8、9 段高度之和，为 32.3m。

则有

$$宽度=H_1+W+H_2=32.3+4.5=36.8(\mathrm{m})$$

$$面积=36.35\times36.8=1337.68(\mathrm{m}^2)$$

7. 测算结果

（1）计算面积时，按直线塔占比 73％，耐张塔占比 27％计算平均面积。

（2）因无法统计跨越塔的比例，因此计算结果未考虑跨越直线塔。

综上所述，各电压等级线路塔基赔偿面积见表 4－2。

8. 调整结果

实际概算中计列占地面积时应考虑以下因素：

（1）本书测算的结果为最小占地面积，实际租用时会产生一定的边角余地。

（2）本测算结果未考虑跨越塔的情况，因跨越塔较一般塔型高，所需占地面积较一般情况大。

基于以上两点原因，实际应用时建议有 5％～15％的调整系数。调整后的测算面积见表 4－3。

表 4-2　　　　　　各电压等级线路塔基赔偿面积

电压等级 /kV	回路数	类型	塔型	吊装方式	长度 /m	宽度 /m	占地面积 /m²	平均占地面积 /m²
110	单回路	直线塔	1A1-ZM1-24	分段	33.21	33.50	1112.54	1092
			1A3-ZM1-24	分段	32.89	34.00	1118.26	
		耐张塔	1A3-J1-18	分段	35.02	29.00	1015.58	
			1A3-DJ-18	分段	35.92	29.00	1041.68	
	双回路	直线塔	1D2-SZ1-24	分段	36.55	36.70	1341.39	1138
			1D3-SZ1-24	分段	36.40	32.20	1172.08	
		耐张塔	1D2-SDJ-18	分段	38.20	20.40	779.28	
			1D5-SDJ-18	分段	37.84	22.50	851.43	
220	单回路	直线塔	2B2-ZM1-24	分段	34.48	36.50	1258.52	1119
			2B3-ZM1-24	分段	34.65	35.80	1240.47	
		耐张塔	2B2-DJ-18	分段	39.77	19.50	775.52	
			2B5-DJ-18	分段	40.05	19.00	760.95	
	双回路	直线塔	2E2-SZ1-24	分片	50.70	27.70	1404.39	1715
			2E3-SZ1-24	分片	50.95	28.50	1452.08	
		耐张塔	2E2-SDJ-18	分片	53.85	45.50	2450.18	
			2E5-SDJ-18	分片	54.39	46.57	2532.94	
500	单回路	直线塔	5A1-ZM1-24	分片	49.76	27.90	1388.30	1747
			5A2-ZM1-27	分片	51.69	27.50	1421.48	
		耐张塔	5A2-DJ1-21	分片	55.85	47.50	2652.88	
			5A3-DJ1-21	分片	56.11	48.02	2694.40	
	双回路	直线塔	5C1-SZ1-24	分片	55.20	44.00	2428.80	2716
			5C3-SZ1-24	分片	54.29	44.17	2397.99	
		耐张塔	5C3-SDJ-21	分片	64.57	54.74	3534.56	

表 4-3 调整后的测算面积

电压等级/kV	回路数	测算面积/m^2	调整系数/%	调整后面积/m^2
110	单回路	1092	5	1147
	双回路	1138	5	1194
220	单回路	1119	10	1231
	双回路	1715	10	1887
500	单回路	1747	15	2010
	双回路	2716	15	3124

（三）片区地价

变电站征地单价作为评审中的重点内容，在评审时应将征地单价的费用构成逐项审核，重点审核其合规性、费用计列依据。

征地单价包括基础片区地价、新增建设用地有偿使用费、耕地开垦费、社会保障费、勘测定界费、土地登记费、耕地占用税、契税、印花税。占补平衡指标视情况而定。

1. 某设计方案

（1）拟选站址位于某县城东南约 18km 的某村东南约 0.8km 处，省道西侧约 33m，地貌单元属冲洪积平原，地形平坦，主要植被为玉米、小麦。

（2）站址区域范围土地性质属耕地，土地属村土地。

（3）站址北侧距某省道约 6.8km，进站道路与东侧 33m 处的省道引接。道路状况好，可满足变电站主变压器等大件运输要求。

（4）地下无历史文化遗址。

（5）站址附近无相互影响的军事设施、通信电台、飞机场、导航台等设施。

（6）站址地处e级污秽区。

（7）征地面积为5.36亩。

征地单价计列为41.35万元/亩。计列单价依据见表4-4。

表4-4　　某110kV变电站征地费用明细表

序号	项目	取费标准文件	标准	面积/亩	合计/万元	备注
1	区片地价	（冀政发〔2015〕28号）河北省政府2015年修订区片地价的通知	7.76万元/亩	5.36		
2	区片地价调整		15万元/亩	5.36	80.39	每三年调整区片价格，且根据十九大报告在原承包年限基础上增加三十年的土地使用精神，预计今年土地价格会大幅增加。预计土地价格会上浮至15万元/亩
3	占补平衡指标	市场价格	200000元/亩	5.36	107.19	现保定市占补指标执行15万/亩＋土地产能指标费用
4	耕地占用税	耕地占用税暂行条例（国务院令511号）	1.67万元/亩	5.36	8.95	高阳县属于13等地（25元/m^2）
5	耕地开垦费	新增建设用地有偿使用费（国土资源部财综字〔1999〕117号）	1.1万元/亩	5.36	5.90	16元/m^2
6	土地登记费	发改局2016年2559号文件	550元			
7	社会保障费贴	关于印发《关于完善征地补偿安置制度的指导意见》的通知（国土资发〔2004〕238号）	区片地价×10%/亩	5.36	8.04	
8	风险基金		0.083万元/亩	5.36	0.44	1.25元/m^3

续表

序号	项目	取费标准文件	标准	面积/亩	合计/万元	备注
9	地面附着物	市政府特高压征地拆迁补偿标准（市府办〔2014〕254号）	1.6万元/亩	5.36	8.58	该区域种植麻山药较多
10	勘测定界费		0.4万元/亩	5.36	2.14	社会有勘测资质的公司
	小计				221.63	
	折合单亩价格				41.35	

2. 该方案存在的问题

根据以上明细，该方案存有以下问题：

（1）区片地价依据《河北省征地区片价表》（冀政发〔2015〕28号），片区地价不能按预测片区地价调整。可研阶段可以按该县（区）最高片区地价执行。

（2）占补平衡指标是一站一议，不能参照以往工程。需提供该地区（或县）对该站址的政策或占补平衡指标文件。建设管理单位未能提供相关依据，不能计列该项费用。

（3）耕地开垦费计列不准确，最新标准为12元/m^2。

（4）根据《预规》（2013年版），地面附着物不属于征地单价界定范围。

（5）未计列契税和印花税。

3. 依据性文件要求

（1）《国家电网公司输变电工程通用设计35～110kV智能变电站模块化建设施工图设计（2016年版）》。

（2）《电网工程建设预算编制与计算规定》（2013年版）。

（3）《河北省耕地占用税实施办法》《财政部、国土资源部、中国人民银行关于调整新增建设用地土地有偿使用费政策等问题的通知》（财综〔2006〕第48号）和《河北省征地区片价表》（冀政发〔2015〕28号）等政府文件。

4. 解决方案

（1）依据现行《河北省征地区片价表》（冀政发〔2015〕28号）最高片区地价执行。

（2）没有占补平衡指标，不能计列该项费用。

（3）耕地开垦费按12元/m^2。

（4）取消地面附着物。

（5）契税和印花税按所有费用的4%计列；印花税按100元/站计列。

（四）施工视频监控费用计列方法

在计列施工视频监控费用时，一般工程采用有线内网接入方案，优先采用施工方管理模式，即“设备由工程施工方购买、运维，竣工后资产归施工方。”因此站内布置的视频监控采集系统、立式球形摄像机、移动摄像机费用不予计列，列支施工现场至变电站段光缆线路建设费用。

1. 编制视频接入系统专项估算书

根据设计说明书及设备材料清册，依据《2018年版电力建设工程预算定额 架空输电线路工程》《2018年版电力建设工程预算定额 通信工程》规定，套用相关定额计取相关费用。其中，杆塔拆除套用的定额按保护性拆除考虑的，无特殊说明，应按破坏性拆除考虑，乘以相关系数；其他费用只计取建设场地征用及清理费。

2. 一笔性费用计入新建变电站本体

项目划分：建筑工程费—与站址有关的单项工程—临时工程—临时施工通信线路。

附　　录

附录A　变电工程土建部分审查表

序号	参照定额	项目名称	单位	注意事项
一		建筑工程		
1		主要生产建筑		
1.1		××kV配电室或综合室室内工程		
1.1.1		一般土建		
	GT1－5	机械其他建筑物与构筑物土方	m^3	1. 条形、筏形、箱形基础按(轴线1＋1.2＋0.5×挖深)×(轴线2＋1.2＋0.5×挖深)×挖深控制。 2. 独立基础按小于(轴线1＋1.2＋0.5×挖深)×(轴线2＋1.2＋0.5×挖深)×挖深控制。 3. 一般挖方按机械化施工定额执行即GT1－5；遇到特殊情况参照其他定额。 4. 在限制条件，有支护的条件下，土方不应采用大开挖的形式
	GT2－8	独立基础　钢筋混凝土基础	m^3	1. 套用定额注意基础型式和做法与定额保持一致。 2. 不包括特殊防腐费用。当地下水含有硫酸盐等腐蚀性物质时，混凝土外表刷防腐剂、钢桩外表面加强防腐等应根据设计的要求单独计算
	GT2－4	条形基础 素混凝土基础	m^3	1. 基础套用定额注意基础型式和做法与定额保持一致。 2. 不包括特殊防腐费用。当地下水含有硫酸盐等腐蚀性物质时，混凝土外表刷防腐剂、钢桩外表面加强防腐等应根据设计的要求单独计算

续表

序号	参照定额	项目名称	单位	注意事项
	GT2－10	筏形基础	m^3	1. 基础套用定额注意基础型式和做法与定额保持一致。 2. 不包括特殊防腐费用。当地下水含有硫酸盐等腐蚀性物质时，混凝土外表刷防腐剂、钢桩外表面加强防腐等应根据设计的要求单独计算。 3. 基础尺寸一般在建筑尺寸外沿 1m，高 1m
	GT7－23	普通钢筋	t	1. 应按规格和地区调整材料价差。 2. 按表 2－6 审核钢筋量，差异较大时，提请设计核实
	GT8－12	其他建筑钢结构钢柱	t	1. 单层钢柱与钢梁总量控制在 $110kg/m^2$，差异较大时，提请设计核实。 2. 多层钢柱与钢梁总量控制在 $150kg/m^2$，差异较大时，提请设计核实
	GT8－13	其他建筑钢结构钢梁	t	应按规格和地区调整材料价差
	GT8－21	钢结构其他项目刷防火涂料	t	1. 由于钢结构构件表面积的差异，计算其他钢结构刷防火涂料工程量应将钢柱与钢梁之和的量乘以系数 1.35。 2. 定额综合了不同施工方法与喷刷遍数，执行定额时不做调整
	GT8－22	钢结构其他项目刷加强防腐漆	t	1. 核实方案是否要求刷加强防腐漆。若在高腐蚀地区，套用加强防腐漆，定额中已含镀锌费。 2. 由于钢结构构件表面积的差异，计算刷防腐漆工程量应将钢柱与钢梁之和的量乘以系数 1.35。 3. 定额综合了不同施工方法与喷刷遍数，执行定额时不做调整
	GT4－19	浇制混凝土屋面板	m^2	计算以轴线数据作为基准参数

续表

序号	参照定额	项目名称	单位	注意事项
	GT4-12	楼板与平台板 压型钢板底模	m^2	计算以轴线数据作为基准参数
	GT7-23	普通钢筋	t	按表2-6审核钢筋量，差异较大时，提请设计核实
	GT4-20	屋面有组织外排水	m^2	计算以轴线数据作为基准参数
	GT4-23	屋面建筑 苯板保温隔热	m^2	计算以轴线数据作为基准参数
	GT4-25	屋面建筑 三元乙丙防水	m^2	计算以轴线数据作为基准参数
	GT3-24	复杂地面 地砖面层（保护室）	m^2	1. 计算以轴线数据作为基准参数。 2. 电缆夹层地面按普通地面考虑。 3. 普通地面或复杂地面已含散水、台阶、坡道，不另计
	GT4-59	天棚吊顶 PVC板面层	m^2	1. 计算以轴线数据作为基准参数。 2. 仅适用于卫生间和走廊
	GT4-57	天棚吊顶 轻钢龙骨	m^2	计算以轴线数据作为基准参数
	参GT5-13	其他建筑 彩钢夹心板外墙	m^2	1. 彩钢板和铝镁锰板按相应定额考虑，价差按国网信息价与定额中材料找差。 2. 水泥纤维板按950元/m^2（含价差）一笔性费用考虑，不参与取费。 3. 计算长度为轴线周长，高度按照有女儿墙从室外地坪高度计算至女儿墙顶标高；无女儿墙从室外地坪高度计算至檐口顶标高。 4. 扣除门窗及大于1m^2以上的洞口

续表

序号	参照定额	项目名称	单位	注意事项
	参 GT5-36	外墙面装饰 真石漆	m^2	一般装配式墙体免装修，外墙墙裙装修参照此条
	GT5-27	其他建筑保温石膏板内墙	m^2	另计石膏板和岩棉等保温材料
	GT5-46	内墙面装饰 乳胶漆面	m^2	内墙为石膏板材质时不再套用此定额
	GT5-50	内墙面装饰 面砖	m^2	一般适用于洗手间
	GT6-6	塑钢窗	m^2	按门窗洞口计算工程量
	GT6-11	窗护栏 不锈钢结构	m^2	按门窗洞口计算工程量
	GT6-17	防火门	m^2	按门窗洞口计算工程量
	GT7-25	铁件（钢盖板）	t	包括钢盖板、栏杆、爬梯、钢平台、轨道等金属结构工程
	GT8-25	钢结构其他项目镀锌	t	包括钢盖板、栏杆、爬梯、钢平台、轨道等金属结构工程
		混凝土施工调整费		按照混凝土搅拌形式分别调整
1.1.2		上下水道		
	GT11-22	配电室 给排水	m^3	1. 定额中含设备的安装和调试、材料费，不含设备费与设备运杂费。 2. 给排水工程中水表、流量计、压力表、阀门、卫生器具、室内消火栓、水泵接合器、生活消防水箱等为材料；水泵、稳压器、水处理与净化装置等为设备。 3. 卫生器具不能单独计列费用，定额中已含

续表

序号	参照定额	项目名称	单位	注意事项
1.1.3		通风及空调		
	调 GT11－79×1.15	配电室 通风空调	m^3	1. 定额中含设备的安装和调试、材料费，不含设备费与设备运杂费。 2. 通风空调工程中通风阀、百叶孔、方圆节、风道定义为材料，其费用均包含在定额中，不单独计列；制冷剂、冷却塔、空调机、风机盘管、轴流风机、消声装置、屋顶通风器为设备，定义设备的需单独计列设备购置费，其安装费包含在通风空调定额中。 3. 地区调整系数为 1.15
		轴流风机	台	按照设计提资，单价参照市场价
		除湿机	台	按照设计提资，单价参照市场价
		电暖气	台	按照设计提资，单价参照市场价
		排风扇	台	按照设计提资，单价参照市场价
		空调柜机	台	按照设计提资，单价参照市场价
1.1.4		照明		
	GT11－124	配电室 照明接地	m^3	1. 照明工程中接线盒、开关、灯具、插座等为计价材料；照明配电箱、配电柜、配电盘为设备，其安装费包含在照明定额中。 2. 定额中含设备的安装和调试、材料费，不含设备费与设备运杂费
		照明配电箱	台	按照设计提资，单价参照市场价
		事故照明箱	台	按照设计提资，单价参照市场价

续表

序号	参照定额	项目名称	单位	注意事项
1.2		二次预制舱基础		
	GT1－12	人工基坑土方 挖深2m以内	m^3	
	GT2－1	条形基础 砖基础	m^3	
	GT3－23	复杂地面 水泥砂浆面层	m^2	
		混凝土施工调整费		
2		屋外配电装置建筑		
2.1		主变压器系统		
2.1.1		构支架及基础		
	GT9－146	变、配电钢管架构含土方与基础（主变架构）	t	1. 埋深在2.2m内套用此定额。 2. 埋深超过2.2m，按1∶5.5比例控制混凝土方量，差异较大时，提请设计核实。定额选用土方、混凝土相关定额
	GT9－165	变、配电型钢架构梁	t	110kV量按架构梁长度每米100kg控制
	GT9－166	变、配电构支架钢结构附件	t	按照设计提资

续表

序号	参照定额	项目名称	单位	注意事项
	GT7－26	预埋地脚螺栓（高强螺栓综合替换为地脚螺栓综合）	t	按架构总重的10%～15%控制
	GT9－151	变、配电钢管设备支架 含土方与基础设备支架（母线桥）	t	
	换GT9－151	变、配电钢管设备支架 含土方与基础设备支架（中性点）	t	中性点设备由支架厂提供，套用定额时需扣除定额中的材料费
	GT7－26	预埋地、脚螺栓（高强螺栓综合 替换为地脚螺栓综合）	t	
	YT5－106	混凝土倒角	m	
		混凝土施工调整费		
2.1.2		主变压器设备基础		
	GT1－12	人工基坑土方 挖深2m以内	m^3	
	GT2－15	设备基础 变压器基础	m^3	110kV量按$25m^3$/台控制；220kV按$70m^3$/台控制

续表

序号	参照定额	项目名称	单位	注意事项
	GT7-23	普通钢筋	t	按表2-6审核钢筋量，差异较大时，提请设计核实
	YT5-106	混凝土倒角	m	
		检修箱基础、智能柜基础		
	GT1-14	人工沟槽土方 挖深2m以内	m^3	
	GT2-7	独立基础 素混凝土基础	m^3	
		混凝土施工调整费		
2.1.3		变压器油池		
	GT1-12	人工基坑土方 挖深2m以内	m^3	
	GT2-16	设备基础 变压器油池	m^3	110kV按$10\times8\times0.75=60m^3$/台控制；220kV按$13\times11\times0.8=114.4m^3$/台控制
	YT5-106	混凝土倒角	m	
2.1.4		防火墙		
	GT10-28	防火墙 框架砌砖	m^3	防火墙工程量按照$6.5\times11\times0.37=26.46m^3$/面控制

续表

序号	参照定额	项目名称	单位	注意事项
	参 GT5－36	外墙面装饰 真石漆	m^2	
2.1.5		事故油池		
	换 GT10－59	浇制钢筋混凝土井、池 容积 $10m^3 < V \leqslant 50m^3$	m^3	110kV 按 $40m^3$ 控制量；220kV 按 $65m^3$ 控制量
	GT10－46	室外给水钢管道	t	
		混凝土施工调整费		
2.2		500kV 或 220kV 或 22kV 架构及设备基础		
2.2.1		设备基础		
	GT1－12	人工基坑土方 挖深 2m 以内	m^3	
	GT2－17	设备基础 GIS 基础	m^3	110kV 少于 $20m^3$/间隔
	GT7－23	普通钢筋	t	
	YT5－106	混凝土倒角	m	
		混凝土施工调整费		

续表

序号	参照定额	项目名称	单位	注意事项
2.2.2		500kV 或 220kV 或 110kV 构支架		
	GT9-146	变、配电钢管架构含土方与基础	t	1. 埋深在 2.2m 内套用此定额。 2. 埋深超过 2.2m，按 1∶5.5 比例控制混凝土方量，差异较大时，提请设计核实。 3. 按照架构梁长度 100kg/m 控制，差异较大时，提请设计核实。 4. 架构调差价是镀锌的，计列镀锌费为重复计列
	GT9-165	变、配电型钢架构梁	t	按照架构梁长度 100kg/m 控制
	GT9-166	变、配电构支架钢结构附件	t	
	GT7-26	预埋地脚螺栓（高强螺栓综合替换为地脚螺栓综合）	t	按架构总重的 10%～15%控制
	GT9-151	变、配电钢管设备支架 含土方与基础设备支架	t	1. 定额含土方和基础。 2. 按照架构梁长度 100kg/m 控制
	GT7-26	预埋地脚螺栓（高强螺栓综合替换为地脚螺栓综合）	t	

续表

序号	参照定额	项目名称	单位	注意事项
	YT5－106	混凝土倒角	m	
		混凝土施工调整费		
2.3		无功补偿设备基础		
2.3.1		电容器基础		
	GT1－12	人工基坑土方 挖深 2m 以内	m^3	
	GT2－7	独立基础 素混凝土基础	m^3	110kV 工程量按 $20m^3$/组控制
	GT9－151	变、配电钢管设备支架 含土方与基础设备支架（电容器及母线桥）	t	
	GT7－26	预埋地脚螺栓（高强螺栓综合替换为地脚螺栓综合）	t	
	YT5－106	混凝土倒角	m	
		混凝土施工调整费		
		主材费小计		

续表

序号	参照定额	项目名称	单位	注意事项
2.4		站用变压器系统		
2.4.1		站用变压器设备基础		
	GT1-12	人工基坑土方 挖深2m以内	m^3	
	GT2-15	设备基础 变压器基础	m^3	
2.5		避雷针塔		
	GT9-167	变、配电避雷针塔高30m以内	t	按照100kg/m控制
2.6		电缆沟道		
	换GT10-39	浇制素混凝土沟道	m^3	
	换GT10-40	浇制钢筋混凝土沟道	m^3	
		室内外复合电缆沟盖板差价	m^2	沟道按照含295元/m^3沟盖板费用计算价差
	YT5-106	混凝土倒角	m	

续表

序号	参照定额	项目名称	单位	注意事项
		混凝土施工调整费		
2.7		栏栅及地坪		
	GT10-6	道路与地坪 混凝土绝缘操作地坪	m^2	地坪包括铺设垫层、面层及铺设绝缘材料层等工作内容
	GT10-7	道路与地坪 广场砖地坪	m^2	不包括弹软土地基处理，需另套定额
		混凝土施工调整费		
2.8		室外照明基础		
2.8.1		室外照明灯、投光灯基础		
	GT1-12	人工基坑土方 挖深2m以内	m^3	
	GT2-7	独立基础 素混凝土基础	m^3	
2.8.2		室外摄像头基础		
	GT1-12	人工基坑土方 挖深2m以内	m^3	

续表

序号	参照定额	项目名称	单位	注意事项
	GT2－7	独立基础 素混凝土基础	m^3	
	BG－YT4－1	基础、电缆沟防碰撞倒角施工 木线条	m	
2.9		设备及管道		
	GT10－46	室外给水钢管道 电气	t	按照设计提资
	GT10－46	室外给水钢管道 电缆排水沟埋管	t	按照设计提资
	GT10－46	室外给水钢管道 通信	t	按照设计提资
	GT10－46	室外给水钢管道 综自	t	按照设计提资
3		供水系统建筑		
3.1		站区供水管道		
	GT10－47	室外给水 PVC 管道	m	

续表

序号	参照定额	项目名称	单位	注意事项
3.2		供水设备		1. 定额中含设备的安装和调试、材料费，不含设备费与设备运杂费。 2. 给排水工程中水表、流量计、压力表、阀门、卫生器具、室内消火栓、水泵接合器、生活消防水箱等为材料；水泵、稳压器、水处理与净化装置等为设备
3.3		供水管网及接入（井）		按合同计列或参照政府文件标准（若打井，按打井定额计列）
3.4		蓄水池		
	GT10－57	砌体井、池容积 $V>10m^3$（给水）	m^3	容积若超过 $500m^3$，套取水池定额
4		消防系统		
4.1		消防水泵房		
4.1.1		一般土建		定额及注意事项参照主要生产建筑相关内容
4.1.2		设备及管道		
		电动消防泵	台	按照设计提资，单价参照市场价
		消防配套电动机	台	按照设计提资，单价参照市场价
		成套消防稳压装置	套	按照设计提资，单价参照市场价
		隔膜式气压罐	套	按照设计提资，单价参照市场价
		潜水排污泵	台	按照设计提资，单价参照市场价

续表

序号	参照定额	项目名称	单位	注意事项
		电动葫芦	台	按照设计提资，单价参照市场价
	GT10－46	室外给水钢管道	t	按照设计提资
4.1.3		采暖及通风		只计设备费
		电暖气	台	按照设计提资，单价参照市场价
		壁式低噪声玻璃钢轴流风机	台	按照设计提资，单价参照市场价
4.1.4		照明		
	GT11－127	生产建筑（单层）照明接地	m^3	
		照明电源箱	个	
4.2		消防管道		
	GT10－46	室外给水钢管道	t	
	GT10－48	室外消防水管道	t	
4.3		消防器材		
		室内消防		按照设计提资，单价参照市场价
		室内消火单栓箱	套	按照设计提资，单价参照市场价
		手提式干粉灭火器	套	按照设计提资，单价参照市场价

续表

序号	参照定额	项目名称	单位	注意事项
		手提式干粉灭火器箱	套	按照设计提资，单价参照市场价
		推车式干粉灭火器	辆	按照设计提资，单价参照市场价
		推车式磷酸铵盐干粉灭火器箱	辆	按照设计提资，单价参照市场价
		悬吊式脉冲超细干粉灭火器	个	按照设计提资，单价参照市场价
4.4		特殊消防系统		
		水喷雾系统		按照设计提资，单价参照市场价
		电动消防泵及配套电动机	台	按照设计提资，单价参照市场价
		电动消防泵配套控制柜	套	按照设计提资，单价参照市场价
		成套消防稳压装置	套	按照设计提资，单价参照市场价
		ZSFM 雨淋阀组	套	按照设计提资，单价参照市场价
	GT2－7	独立基础 素混凝土基础	m^3	
	（甲）	火灾报警及安装	套	

续表

序号	参照定额	项目名称	单位	注意事项
		消防沙箱	座	按照设计提资，单价参照市场价
		消防工具箱	套	按照设计提资，单价参照市场价
		推车式干粉灭火器	辆	按照设计提资，单价参照市场价
		推车式干粉灭火器箱	辆	按照设计提资，单价参照市场价
		混凝土施工调整费		
4.5		消防水池		
	GT10－61	浇制钢筋混凝土井、池容积 $300m^3 < V \leqslant 500m^3$	m^3	
二		辅助生产工程		
1		警卫室		工程量按照设计提资
2		站区性建筑		
2.1		场地平整		
	GT1－1	机械场地平整土方	m^3	1. 一般情况下，场地平整为 30cm 内。 2. 若有削峰挖方的，削峰挖方部分加入场地平整。 3. 场地平整土石方量按照场地平整挖方量计算工程量

续表

序号	参照定额	项目名称	单位	注意事项
	调 GT1－8×公里数	机械土方运距 每增加 1km（弃土）	m^3	提供具体弃土点
	GT1－2	机械场地平整 亏方碾压	m^3	场地平整土方碾压或夯填，按照场地平整亏方量计算工程量，亏放量＝填方量－挖方量，亏方碾压与夯填定额子目中不包括购土费
		外购土方	m^3	注意要考虑松散系数
2.2		站区道路及广场		
	GT10－1	混凝土路面	m^3	1. 体积＝面积×厚度，厚度为基层、底层、面层三层厚度之和（经验数据675mm），面积按照水平投影面积计算。 2. 有二次施工时扣除第二次面层施工厚度
	GT10－8	道路与地坪 混凝土道路 面层	m^3	有二次施工时套用该定额
		混凝土施工调整费		
2.3		站区排水		
2.3.1		给排水管道（污水）		
	换 GT10－49	室外排水、雨水管道 DN≤300mm	m	
		混凝土施工调整费		

续表

序号	参照定额	项目名称	单位	注意事项
2.3.2		窨井		
	GT10－54	砌体井、池容积 $V>10m^3$（污水）	m^3	
2.3.3		污水处理池		
	GT10－59	浇制钢筋混凝土井、池容积 $10m^3<V\leqslant 50m^3$	m^3	
		混凝土施工调整费		
2.4		围墙及大门		
	GT10－16	砌块围墙	m^3	已包括基础土方施工
	GT10－17	围墙大门电动自动伸缩门	m^2	
	GT10－18	标志牌	个	5000元/个
3		特殊构筑物		
3.1		挡土墙及挡水墙		
	GT10－71	钢筋混凝土挡土墙	m^3	按照设计提资
3.2		防洪排水沟		
	GT10－39	浇制素混凝土沟道	m^3	按照设计提资
3.3		护坡		按照设计提资

续表

序号	参照定额	项目名称	单位	注意事项
三		与站址有关的单项工程		
1		地基处理		
	GT2-41	地基处理 换填碎石	m^3	按不同地基处理方式套用相关定额
2		站外道路		
2.1		道路路面		
	GT10-1	道路与地坪 混凝土路面	m^3	1. 体积＝面积×厚度，厚度为基层、底层、面层三层厚度之和（经验数据675mm），面积按照水平投影面积计算。 2. 有二次施工时扣除第二次面层施工厚度
	GT10-8	道路与地坪 混凝土道路 面层	m^3	有二次施工时套用该定额
	GT7-23	普通钢筋	t	参照表2-6
		抗裂纤维	m^3	按照设计提资
	GT10-51	室外排水、雨水管道 DN≤1000mm	m	
		混凝土施工调整费		
2.2		挡土墙		
	GT10-71	钢筋混凝土挡土墙	m^3	

续表

序号	参照定额	项目名称	单位	注意事项
		混凝土施工调整费		
		小计		
3		站外排水		
	GT10－47	室外给水 PVC 管道	m	按照设计提资
	GT1－12	人工基坑土方挖深 2m 以内	m^3	按照设计提资
		拉管（塑料管）DN100	m	按照设计提资
	GT10－50	室外排水、雨水管道 DN≤600mm	m	按照设计提资
	GT1－12	人工基坑土方挖深 2m 以内	m^3	按照设计提资
		拉管（钢管）DN400	m	按照设计提资
	GT10－56	浇制钢筋混凝土井、池 排水暗井	m^3	按照设计提资
		混凝土施工调整费		
4		临时工程		
4.1		临时施工电源		按设计方案计列
4.2		临时施工道路		按设计方案计列

附录B 变电工程安装部分审查表

序号	参照定额	项目名称及规范	单位	注意事项
一		主要生产工程		
1		主变压器系统		
1.1		主变压器		
	调 GD2-8×1.1	主变压器安装	台	1. 按照变压器容量、电压等级定额套用 GD2-1～GD2-67。 2. 带负荷调压变压器安装乘以系数 1.1。 3. 散热器外置时人工费乘以系数 1.1。 4. 电压等级 110kV 及以上设备安装在户内时人工费乘以系数 1.3。 5. 定额号要与绕组数、容量等方案参数匹配。 6. 包括端子箱、控制箱的安装及铁构件的制作安装
	（甲）	主变压器 SZ10-50000/110	台	按照国网信息价计列
	GD3-262	成套高压配电柜 中性点成套设备安装	套	1. 套用定额 GD3-262。 2. 电压等级 110kV 及以上设备安装在户内时人工费乘以系数 1.3
	（甲）	中性点成套设备	套	按照国网信息价计列

续表

序号	参照定额	项目名称及规范	单位	注 意 事 项
	GD4－41	带形母线安装	m	1. 带型母线安装按照截面套用定额 GD4－40 和 GD4－41。 2. 带型母线定额已综合考虑单相多片及各种材质。 3. 除分相封闭母线以“三相米”为计量单位，其他均是 m。 4. 工程量易错，已综合考虑层数，若为两层，为材料量除以 2
		铜母线 TMY. TMR 4～7×90～125	t	按照设计提资
		扣盒	套	按照设计提资
		室外母线 热缩套	m	按照设计提资
	GD4－1	支持绝缘子安装	个	按照电压等级不同套用定额 GD4－1～GD4－8
		电站电瓷　高压棒式支柱绝缘子 ZSW－24/10	只	按照设计提资
		变电　（铜）母线伸缩节 MST－125×10	件	按照设计提资
		变电　矩形母线间隔垫 MJG－04（JG－11）	件	按照设计提资
		变电　矩形母线平放固定金具（户外）MWP－204（JWP－212）	件	按照设计提资

续表

序号	参照定额	项目名称及规范	单位	注意事项
	GD4－21	软母线安装	跨/三相	1. 按照电压等级、截面积套用定额 GD4－15～GD4－39。 2. 工程量按照断面图计算，注意不要多计列引下线和设备连引线
		钢芯铝绞线 LGJ 300/30	t	按照设计提资
		变电　设备线夹（压缩型 A. B 型）SY－300/25B－80×100	件	按照设计提资
		变电　铜铝过渡设备线夹（压缩型 A 型）SYG－300/25A	件	按照设计提资
		变电　T 型线夹（压缩型）TY－300/25	件	按照设计提资
		线路　耐张线夹（压缩式）NY－400（NB－400）	件	按照设计提资
		线路　球头挂环 Q－6	件	按照设计提资
		线路　直角挂板 Z1－6	件	按照设计提资
		线路　碗头挂环 W1－6	件	按照设计提资
		线路　U 型挂环 U－10	件	按照设计提资

续表

序号	参照定额	项目名称及规范	单位	注意事项
		线路电瓷　防污绝缘子 9（XWP－7）	只	按照设计提资
		钢母线 GM　60×6	t	按照设计提资
	GD3－180	氧化锌式避雷器安装电压 20kV 以下	组/三相	按照电压等级套用定额 GD3－180～GD3－187
	（甲）	10kV 避雷器 HY5WZ－17/45 附在线监测仪	台	按照设计提资
	GD4－21	软母线安装	跨/三相	1. 按照电压等级及软母线截面套用定额 GD4－1～GD4－39。 2. 电压等级 110kV 及以上安装在户内时人工费乘以系数 1.3
		110kV 软导线及设备连线	t	
	（甲）	主变检修电源箱	台	按照设计提资
		设备运杂费	%	主变、GIS 等主要设备的设备运杂费按照 0.5%考虑，其他按照 0.7%；110kV 及以下主变压器不考虑设备运杂费
2		配电装置		
2.1		110kV 配电装置		
	GD3－34	SF_6 全封闭组合电器（GIS）安装 带断路器电压 110kV	台	电压等级 110kV 及以上设备安装在户内时人工费乘以系数 1.3

续表

序号	参照定额	项目名称及规范	单位	注意事项
	GD3-54	SF_6 全封闭组合电器（GIS）主母线安装 电压 110kV	m（三相）	主母线数量等于本期 GIS 间隔数×3
	GD3-57	SF_6 全封闭组合电器进出线套管安装 电压 110kV	个	架空进、出线套管数量等于（进线间隔＋出线间隔）×3
	（甲）	出线间隔（带断路器）	间隔	等于出线回路数
	（甲）	桥间隔（带断路器）	间隔	等于本期 110kV 母线分段数－1
	GD3-35	SF_6 全封闭组合电器（GIS）安装 不带断路器 电压 110kV	台	1. 电压等级 110kV 及以上设备安装在户内时人工费乘以系数 1.3。 2. 等于进线间隔＋TV 间隔＋不带断路器桥间隔
	（甲）	进线间隔（不带断路器）	间隔	按照设计提资
	（甲）	TV 间隔（不带断路器）	间隔	按照设计提资
	（甲）	桥间隔（不带断路器）	间隔	按照设计提资
		动力箱	面	按照设计提资

续表

序号	参照定额	项目名称及规范	单位	注意事项
		钢芯铝绞线 LGJ 240/30	t	按照设计提资
	GD3－192	氧化锌式避雷器安装 110kV	组	3 台为一组，按照组数计列安装费
		变电　设备线夹	件	按照设计提资
	GD5－24	铁构件制作	t	与材料量一致
	GD5－25	铁构件安装	t	与材料量一致
		铁构件	t	与材料量一致
		铁构件镀锌费	t	与材料量一致
		主要设备运杂费	%	GIS 的设备运杂费按照 0.5%考虑
		普通设备运杂费	%	普通设备的设备运杂费按照 0.7%考虑
2.2		10kV 配电装置		
	GD3－243	20kV 以下成套高压配电柜安装 真空断路器柜 20kV	台	等于出线开关柜＋主变进线开关柜＋分段断路器柜＋电容器开关柜＋接地变柜
	（甲）	KYN28－12，进线开关柜，4000A，40kA	面	一般情况下等于主变台数

续表

序号	参照定额	项目名称及规范	单位	注意事项
	（甲）	KYN28－12，分段断路器柜，4000A，40kA	面	等于母线分段数－1
	（甲）	KYN28－12 出线开关柜，1250A，31.5kA	面	等于出线数
	（甲）	KYN28－12 电容器开关柜，1250A，31.5kA	面	等于 2×主变组数
	（甲）	KYN28－12 接地变柜，1250A	面	等于主变台数
	GD3－245	20kV 以下成套高压配电柜安装　电压互感器避雷器柜 20kV	台	等于 TV 柜数
	（甲）	KYN28－12，母线设备柜，1250A，无开关	面	按照设计提资
	GD3－248	20kV 以下成套高压配电柜安装　其他电气柜 20kV	台	等于进线隔离开关柜＋分段隔离开关柜
	（甲）	KYN28－12，进线隔离开关柜，4000A，40kA	面	按照设计提资
	（甲）	KYN28－12，分段隔离柜，4000A，40kA	面	按照设计提资

续表

序号	参照定额	项目名称及规范	单位	注意事项
	（甲）	检修小车	台	作为备品备件，检修小车、接地小车、验电小车设备费不单独计列
	GD4－72	封闭母线安装 共箱硬母体导体	m	
	（甲）	封闭母线桥	米	按照设计提资
	GD4－9	穿墙套管装设 额定电压 20kV	个	1. 低压在保护室内，需穿墙套管。 2. 工程量等于主变台数×3
		穿墙套管 CWC－20/3150	只	按照设计提资
	GD3－190	氧化锌式避雷器安装 20kV	组	
	（甲）	避雷器 HY5WZ－17/45W	支	按照设计提资
	GD5－24	铁构件制作	t	
	GD5－25	铁构件安装	t	
		铁构件	t	按照设计提资
		铁构件镀锌费	t	按照设计提资
		普通设备运杂费	%	
3		无功补偿		

续表

序号	参照定额	项目名称及规范	单位	注意事项
3.1		电容器		
	GD3－202	框架式电容器装置安装　电压 20kV 以下　容量 4000kvar 以内	组	一般为 3000kvar
	GD3－203	框架式电容器装置安装　电压 20kV 以下　容量 6000kvar 以内	组	一般为 5000kvar
	（甲）	成套电容器 TBB10－3006/334	套	注意是空心电抗还是铁芯电抗，铁芯电抗信息价为 1 组的，不需要乘以 3
	（甲）	成套电容器 TBB10－5010/334	套	
	GD5－26	保护网制作安装	m^2	按每组电容器 $30m^2$ 控制
		普通设备运杂费	%	
4		控制及直流系统		
4.1		计算机监控或监测		
	调 GD5－2×0.9	控制盘台柜安装　变电站	块	1. 预制舱内的保护柜安装已包含在预制舱设备费中，不应单独计列安装费。 2. 端子箱、就地控制箱不计安装
	（甲）	智能计算机监控系统	套	包括列明设备组件明细，并参照国网信息价

续表

序号	参照定额	项目名称及规范	单位	注意事项
		主变本体智能组件柜	面	智能辅助控制柜不计安装
		普通设备运杂费	%	
4.2		元件保护及自动化		
	GD5－14	保护盘台柜安装 110kV 智能变电站	块	1. 预制舱内的保护柜安装已包含在预制舱设备费中，不应单独计列安装费。 2. 端子箱、就地控制箱不计安装
	（甲）	主变保护屏	面	按照设计提资
	（甲）	110kV 内桥保护屏（内桥保护测控装置、备自投装置各 1 台）	面	按照设计提资
	（甲）	低频低压减载屏（低频低压减载装置 2 台）	面	按照设计提资
	（甲）	主变过负荷联切屏	面	按照设计提资
	（甲）	微机消谐装置	套	按照设计提资
	（甲）	故障录波屏	面	按照设计提资
		普通设备运杂费	%	
4.3		一体化电源系统		
	GD6－34	免维护蓄电池安装 300Ah	只	蓄电池组安装按照 220V 电压等级编制，110V 蓄电池按照定额乘以系数 0.6

续表

序号	参照定额	项目名称及规范	单位	注意事项
	GD6 - 40	交直流配电装置屏安装	台	与设备量一致
	（甲）	智能一体化电源	套	按照设计提资
		交流屏	面	按照设计提资
		高频开关充电机屏	面	按照设计提资
		直流蓄电池屏 200Ah－104（含 3 面屏）	面	按照设计提资
		直流馈线屏	面	按照设计提资
		直流分电屏	面	按照设计提资
		逆变电源屏	面	按照设计提资
		通信电源屏	面	按照设计提资
		普通设备运杂费	%	
4.4		智能辅助控制系统		
	（甲）	智能辅助控制系统	套	按照设计提资
4.5		智能设备		
	GD6 - 13	35kV 及以下箱式变电站安装　容量 2000kVA 及以下	台	

续表

序号	参照定额	项目名称及规范	单位	注意事项
	（甲）	变电站预制仓	面	
		二次设备预制舱 12200mm × 2800mm ×3133mm	个	注意预制舱尺寸
		预制光缆	米	预制光缆材料价单独计列
		光缆连接器	个	按照设计提资
		光纤集中接线柜	面	按照设计提资
		普通设备运杂费	%	
5		站用电系统		
5.1		站用变压器		
	GD2－76	接地变压器及消弧线圈安装	台	20kV 及一下套用定额 GD2－76
	（甲）	接地变及消弧线圈成套装置 DSBC－400/10.5－100/0.4kV XDZC－315/10.5	套	按照设计提资
		普通设备运杂费	%	
5.2		站区照明		

续表

序号	参照定额	项目名称及规范	单位	注意事项
	GD9－3	构筑物照明	套	1. 一般情况户外照明灯杆1.5m左右，套用定额GD9－3构筑物照明。 2. 注意定额套用错误，不应套用GD6－63高杆照明灯
		泛光灯	套	按照设计提资
	GD6－65	构筑物及道路照明小型电源箱	台	按照设计提资
	（甲）	配电箱、检修箱、动力箱	面	按照设计提资
		普通设备运杂费	%	
6		电缆及接地		
6.1		全站电缆		
6.1.1		电力电缆		
	GD7－2	全站电力电缆敷设6kV以上	100m	电容器和接地变部分
		电力电缆	km	按照设计提资
	（甲）	电缆终端	套	按照设计提资
	GD7－3	全站电力电缆敷设6kV以下	100m	包括一次和二次低压电力电缆

续表

序号	参照定额	项目名称及规范	单位	注意事项
		电力电缆	km	按照设计提资
		镀锌钢管 DN32	m	
6.1.2		控制电缆		
	GD7-6	全站控制电缆敷设	100m	110kV 变电站工程控制在 10km 之内
	（甲）	110kV 变电站控制电缆	km	按照设计提资
		光缆槽盒 200×150mm	m	按照设计提资
	GD7-6	全站控制电缆敷设	100m	厂供
		10 芯铠装同轴电缆（带屏蔽）	m	按照设计提资
		铠装超五类屏蔽双绞线	m	按照设计提资
6.1.3		电缆支架		
	GD7-7	电缆支架安装 钢质	t	
		电缆支架 镀锌 各种规格（含附件）	t	按照设计提资
		镀锌费	t	按照设计提资

续表

序号	参照定额	项目名称及规范	单位	注意事项
6.1.4		电缆防火		
	GD7－13	电缆防火安装 防火堵料	t	按照设计提资
		软质防火堵料	t	按照设计提资
	GD7－14	电缆防火安装 防火涂料	t	
		防火涂料	t	按照设计提资
		电缆防火模块	块	按照设计提资
6.2		全站接地		
	GD8－2	全站接地	100m	户内站一般为铜接地
		扁钢－60×8	t	按照设计提资
		钢管 $\phi60$	t	按照设计提资
		镀锌费	t	按照设计提资
	GD8－3	全站接地	100m	铜接地工程量只计取与主地网连接的部分
		接地铜排 TMY－4×30	t	按照设计提资
		接地多股绝缘铜线 JBQ－1×120	m	按照设计提资

续表

序号	参照定额	项目名称及规范	单位	注意事项
7		通信及远动系统		
7.1		光设备部分		
	YZ1－7	光纤同步数字（SDH）光端机安装调测622Mb/s以下	端	
	（甲）	光纤传输设备	面	按照设计提资
	YZ1－16	光纤同步数字（SDH）接口单元盘安装调测光口	块	按照设计提资
	（甲）	光接口板	块	按照设计提资
	YZ1－3	光纤准同步数字（PDH）传输设备安装调测 PCM 设备	端	按照设计提资
	（甲）	IAD 设备	套	按照设计提资
	YZ7－15	宽带接入设备安装调测宽带接入服务器（BAS）	台	按照设计提资
	（甲）	综合数据网接入设备	台	按照设计提资

续表

序号	参照定额	项目名称及规范	单位	注意事项
	YZ14-1	控制盘台柜安装 变电站	块	
	（甲）	机柜	面	按照设计提资
	YZ14-11	分配架　整架安装	架	
	（甲）	综合配线架	面	按照设计提资
	YZ14-12	分配架　子架安装	个	
	（甲）	光缆配线架	套	按照设计提资
	YZ16-2	电话机、传真机	台	按照设计提资
	（甲）	数字电话机	部	按照设计提资
		尾纤跳线	条	按照设计提资
	YZ15-12	全站电力电缆敷设 6kV 以下	100m	
		电力电缆	m	按照设计提资
	YZ15-4	布放电话、以太网线	100m	
		双绞线	100m	按照设计提资
		钢管	t	按照设计提资
		耐热槽盒	m	按照设计提资

续表

序号	参照定额	项目名称及规范	单位	注意事项
	YZ13－13	人工敷设穿子管光缆（芯以下）	km	
		引入缆	m	按照设计提资
	YZ13－74	厂（站）内光缆熔接（芯以下）	头	
		普通设备运杂费	%	
7.2		远动及计费系统		
	调 GD5－2×0.9	控制盘台柜安装 变电站	块	
	（甲）	电度采集器屏	块	按照设计提资
		电能表空屏	面	按照设计提资
	（甲）	电能表 0.5 级	块	按照设计提资
		普通设备运杂费	%	
		调度数据网		
	调 GD5－2×0.9	控制盘台柜安装 变电站	块	
	（甲）	调度数据网接入设备	套	按照设计提资

续表

序号	参照定额	项目名称及规范	单位	注意事项
	（甲）	Ⅱ型网络安全检测装置	台	按照设计提资
		空屏及附件	面	按照设计提资
	（甲）	时间同步装置屏	套	有预制舱的已含在预制舱中
	（甲）	百兆专用防火墙	套	按照设计提资
		接地变及消弧线圈控制屏	面	
		铠装电度表用网络线	m	
		普通设备运杂费	%	
8		全站调试		
8.1		分系统调试费		
	调 YS5－6×1.2	变压器系统调试 三相 63000kVA 以下（两卷）	系统	以系统为单位，三绕组乘以 1.2；带负荷调整装置乘以 1.2
	YS5－1	变压器系统调试 三相 800kVA 以下	系统	接地变的系统调试，以系统为单位
	YS5－22	交流供电系统调试电压 110kV	系统	根据进出线及母联间隔数、分段间隔数计算

续表

序号	参照定额	项目名称及规范	单位	注意事项
	YS5-20	交流供电系统调试 电压 10kV	系统	1. 带电抗器或并联电容器补偿的乘以 1.2。 2. 分段间隔系统调试，定额乘以系数 0.5
	YS5-32	母线系统调试 电压 110kV	段	
	YS5-30	母线系统调试 电压 10kV	段	
	YS5-176	变电站同期系统调试 110kV 以下	站	新建站有同期功能，据实计列，扩建主变和扩建间隔不计取
	YS5-39	变电站微机监控分系统调试 变电站 110kV	站	扩建主变乘以 0.3，扩建间隔乘以 0.1
	YS5-46	变电站“五防”分系统调试 变电站 110kV	站	扩建主变乘以 0.3，扩建间隔乘以 0.1
	YS5-168	保护故障信息主站分系统调试 地调 接入 110kV 等级及以上站 50～150 个	站	扩建主变乘以 0.3，扩建间隔不计取
	YS5-84	电网调度自动化分系统调试 主站（县、地、省调）接入 110kV 等级站	站	一般不计

续表

序号	参照定额	项目名称及规范	单位	注 意 事 项
	YS5－91	二次系统安全防护分系统调试 主站（省、地、县调）接入 110kV 等级站	站	一般不计
	YS5－105	信息安全测评分系统（等级保护测评）调试 主站（省、地、县调）接入 110kV 等级站	站	一般不计
	YS5－60	网络报文监视系统调试 110kV	系统	扩建主变和扩建间隔不计取
	YS5－116	智能辅助系统调试 变电站 110kV	站	扩建主变和扩建间隔不计取
	YS5－130	交直流电源一体化系统调试 变电站 110kV	站	1. 执行此条目，不再执行其他电源相关条目。 2. 扩建主变和扩建间隔不计取
	YS5－67	信息一体化平台调试 变电站 110kV	站	扩建主变和扩建间隔不计取
	YS5－74	变电站远动分系统调试 变电站 110kV	站	
8.2		整套启动试运费		

续表

序号	参照定额	项目名称及规范	单位	注意事项
	调 YS6－2×1.2	变电站试运行 变电站 110kV	站	扩建主变乘以 0.5，扩建间隔乘以 0.3
	调 YS6－9×1.2	变电站监控调试 变电站 110kV	站	扩建主变乘以 0.5，扩建间隔乘以 0.3
	调 YS6－16	电网调度自动化系统调试 变电站 110kV	站	扩建主变乘以 0.5，扩建间隔乘以 0.3
	YS6－22	二次系统安全防护与信息安全测评调试	站	
8.3		特殊调试		
	YS7－1	变压器绕组连同套管的长时感应耐压试验带局部放电测量 110kV	台（三相）	1. 110kV 及以上电压等级变压器计列。 2. 35kV 及以下不计第二台主变台数，第三台乘以 0.6
	YS7－14	变压器绕组变形试验 110kV	台（三相）	1. 各电压等级变压器均计列。 2. 第二台主变台数乘以 0.8
	YS7－62	GIS（HGIS、PASS）交流耐压试验 110kV	间隔	1. 110kV 及以上电压等级计列。 2. 出线间隔和母线设备间隔均应计列。 3. 1～5 个间隔系数取 1，6～10 个间隔系数取 0.9，之后每 5 个间隔递减 0.1 的系数

续表

序号	参照定额	项目名称及规范	单位	注意事项
	YS7－70	GIS（HGIS、PASS）局部放电带电检测 110kV	间隔	1. 110kV 及以上电压等级计列。 2. 出线间隔和母线设备间隔均应计列
	YS7－32	金属氧化物避雷器持续运行电压下持续电流测量 110kV	组	110kV 及以上电压等级计列
	YS7－77	接地网阻抗测试 变电站 110kV	站	1. 35kV 及以上变电站计列。 2. 对前期接地网已布置完成的扩建、改造工程，概算中不再计列接地网阻抗测试费用
	YS7－86	接地引下线及接地网导通测试	站	35kV 及以上变电站计列
	YS7－92	电容器在额定电压冲击合闸试验 10kV	组	110kV 及以下电压等级应计列该调试项目
	YS7－100	绝缘油综合试验 三相电力变压器 63000kVA 以下	台	根据油变压器台数计算，根据变压器规格套取定额
	YS7－120	相关表计校验 关口电能表误差校验	块	

续表

序号	参照定额	项目名称及规范	单位	注意事项
	YS7－122	相关表计校验 SF_6 密度继电器	块	
	YS7－123	相关表计校验 气体继电器	块	
	YS7－115	GIS（HGIS、PASS）SF_6 气体试验带断路器	间隔	
	YS7－116	GIS（HGIS、PASS）SF_6 气体试验不带断路器	间隔	
	YS7－117	GIS 母线 SF_6 气体试验	段	
	YS7－119	SF_6 气体全分析	站	
	YS7－125	互感器误差测试 电流互感器 110kV	组	单独做保护时定额乘以系数 0.65，单独做计量时定额乘以系数 0.35；各互感器误差实验 5 组以内按定额乘以系数 1，6～10 组乘以系数 0.9。关口互感器计列
	YS7－132	互感器误差测试 电压互感器 110kV	组	单独做保护时定额乘以系数 0.65，单独做计量时定额乘以系数 0.35；各互感器误差实验 5 组以内按定额乘以系数 1，6～10 组乘以系数 0.9。关口互感器计列

附录C　变电工程其他费用审查表

序号	工程或费用项目名称	编制依据及计算说明
1	建设场地征用及清理费	
1.1	土地征用费	参照片区地价
1.2	施工场地租用费	110kV、220kV、500kV新建工程分别按照4万、8万、10万计列，扩建工程、增容工程减半
1.3	迁移补偿费	依据实际情况计列
1.4	余物清理费	
1.4.1	拆除费	拆除工程费用，大额赔偿需提供依据
1.4.2	清理费	拆除工程按直接工程费×费率，费率为：一般砖木结构及临时简易建筑10%；混合建筑20%；能爆破的钢筋混凝土20%，不能的30%～50%；建筑金属结构，拆后能用55%，不能用的38%；安装金属结构及工业管道45%；安装机电设备32%
1.5	水土保持补偿费	按照《预规》要求计列
2	项目建设管理费	

续表

序号	工程或费用项目名称	编制依据及计算说明
2.1	项目法人管理费	(建筑工程费＋安装工程费)×费率，费率为：220kV 及以下 3.73；330kV 3.24；500kV 2.63；其他为 750kV 2.36、1000kV 2.19、直流 500kV 2.56、直流 800kV 2.15、直流 1100kV 1.98
2.2	招标费	(建筑工程费＋安装工程费)×费率，费率为：220kV 及以下 2.29；500kV 及以下 1.75；其他为 1000kV 1.43、直流 500kV 1.58、直流 800kV 1.39、直流 1100kV 1.22
2.3	工程监理费	参照办基建〔2015〕100 号文执行，(建筑工程费＋安装工程费)×费率
2.4	设备材料监造费	(主要设备．甲供设备购置费)×费率，费率为：220kV 及以下 0.87，500kV 及以下 0.7；其他为 750kV 0.46、1000kV 0.44、直流 500kV 0.48、直流 800kV 0.4、直流 1100kV 0.38
2.5	施工过程造价咨询及竣工结算审核费	(建筑工程费＋安装工程费)×费率，费率为：220kV 及以下 0.88，750kV 及以下和直流 500kV 0.75；其他 1000kV 0.56、直流 800kV 和直流 1100kV 0.41
2.6	工程保险费	一般不计列；确实需计列需要建管单位提供计列依据及计列标准，按照保险范围和费率计算
3	项目建设技术服务费	
3.1	项目前期工作费	可研阶段费项可以参照以往合同，费用标准参照（办基建〔2015〕100 号）执行，也可以按（建筑工程费＋安装工程费)×费率计列，费率为：220kV 及以下 2.97，500kV 及以下 2.52，1000kV 及以下和直流 500kV 2.35；其他直流 800kV 和直流 1100kV 2.15；初设阶段按照合同金额据实计列

续表

序号	工程或费用项目名称	编制依据及计算说明
3.2	知识产权转让与研究试验费	根据实际情况计列，如计列需提供支撑性依据
3.3	勘察设计费	
3.3.1	勘察费	可研阶段执行（国家电网电定〔2014〕19号）；初设阶段按照合同金额据实计列
3.3.2	设计费	可研阶段执行（国家电网电定〔2014〕19号）；初设阶段按照合同金额据实计列
3.4	设计文件评审费	
3.4.1	可行性研究设计文件评审费	按照预规要求计列
3.4.2	初步设计文件评审费	按照预规要求计列
3.4.3	施工图文件审查费	按照预规要求计列
3.5	项目后评价费	一般不计列
3.6	工程建设检测费	
3.6.1	电力工程质量检测费	（建筑工程费＋安装工程费）×0.28%
3.6.2	特种装备安全检测费	按照预规要求计列，330kV及以下1万元/站；750kV及以下的2万元/站；其他1000kV 5万元/站、直流500kV 3万元/站、直流800kV 6.5万元/站、直流1100kV 6.7万元/站

续表

序号	工程或费用项目名称	编制依据及计算说明
3.6.3	环境监测及环境保护验收费	按照预规要求计列
3.6.4	水土保持项目验收及补偿费	按照近期合同计列
3.6.5	桩基检测费	变电工程一般不计列
3.7	电力工程技术经济标准编制费	110kV 及以下一般不计列。其他（建筑工程费＋安装工程费）×0.1％
4	生产准备费	
4.1	管理车辆购置费	一般不计列
4.2	工器具及办公家具购置费	无人值守站不计列，其他按（建筑工程费＋安装工程费）×费率计列，新建工程110kV 及以下 1.35，220kV 1.2，其他 330kV 1.18、500kV 1.05、750kV 0.85、1000kV 0.78、直流 500kV 0.91、直流 800kV 0.72、直流 1100kV 0.7；扩建工程 110kV 及以下 1.14，220kV 1.02，其他 330kV 1.01、500kV 0.89、750kV 0.72、1000kV 0.65、直流 500kV 0.76、直流 800kV 0.6 和直流 1100kV 0.58
4.3	生产职工培训及提前进场费	一般不计列
5	大件运输措施费	按照实际运输条件及运输方案计算
6	基本预备费	（建筑工程费＋安装工程费＋设备费＋其他费用）×费率，可研阶段变电工程 2％，初设阶段按照 1.5％

附录D 线路工程本体部分审查表

序号	参照定额	项目名称及规格	单位	注意事项
一		一般线路本体工程		
1		基础工程		
1.1		基础工程材料工地运输		可研阶段人力运距按平地：丘陵：山地＝0.25：0.6：0.9考虑，汽车运距按线路路径长度的0.6～0.7计算，不足5km按5km考虑。初设阶段人力运距按0.2：0.5：0.8考虑。平地机械化施工一般不考虑人力运输
1.1.1		金具、绝缘子、零星钢材		
	YX1－97	汽车运输 金具、绝缘子、零星钢材 装卸	t	运输重量＝设计重量（或预算量）×（1＋施工损耗率）×单位运输重量，单位运输重量参照线路预算定额表
	YX1－98	汽车运输 金具、绝缘子、零星钢材 运输	t.km	
1.1.2		其他建筑安装材料		商品混凝土不计人力运输和汽车运输；砂、石不考虑装卸及汽车运输
	YX1－107	汽车运输 其他建筑安装材料 装卸	t	灌注桩泥浆按余土外运处理。余土外运：灌注桩按桩设计零米以下混凝土体积（m^3）×1.7t/m^3，现浇、预制、挖孔基础按地面以下混凝土体积（m^3）×1.5t/m^3
	YX1－108	汽车运输 其他建筑安装材料 运输	t.km	养护、浇制用水定额已含100m以内运输，如果运距超过时，执行“工地运输”定额；用水量按现浇500kg/m^3、商混300kg/m^3计算

续表

序号	参照定额	项目名称及规格	单位	注意事项
1.2		基础土石方工程		
1.2.1		线路复测及分坑		
	YX2－2	线路复测及分坑 耐张（转角）单杆	基	按照实际工程量计列
	YX2－6	线路复测及分坑 直线自立塔	基	按照实际工程量计列
	YX2－7	线路复测及分坑 耐张（转角）自立塔	基	按照实际工程量计列
1.2.2		电杆坑、塔坑、拉线坑人工挖方（或爆破）及回填		土石方坑深计算时需加上基础垫层的厚度。操作裕度计算：无垫层或垫层为坑底铺石，以基础底盘为准每边增加裕度；垫层为坑底铺石灌浆、混凝土时，按垫层每边增加裕度；灰土垫层、挖孔基础不计裕度
	YX2－65	电杆坑、塔坑、拉线坑人工挖方（或爆破）及回填 干砂坑 坑深3.0m以内	m^3	1. 根据地勘报告，确定土质比例。除挖孔和灌注桩基础外，不作分层计算。 2. 选含量较大土质类型。出现流沙时，全坑按流沙坑计算。 3. 出现地下水涌出时，全坑按水坑计算
1.2.3		电杆坑、塔坑、拉线坑机械挖方及回填		人工和机械挖方边坡系数不同
	YX2－80	电杆坑、塔坑、拉线坑机械挖方及回填 普通土 坑深4m以内	m^3	分为普通土、坚土、松砂石、岩石、泥水、流沙、干砂、水坑八种土质。土方大于基础混凝土量10倍时，需设计核实

续表

序号	参照定额	项目名称及规格	单位	注 意 事 项
1.2.4		挖孔基础人工挖方（或爆破）		
	YX2－149	挖孔基础人工挖方（或爆破）岩石 坑径 1000mm 以内 坑深 5m 以内	m^3	土方量按基础设计混凝土量扣除露出地面部分的混凝土量计算
	YX2－154	挖孔基础人工挖方（或爆破）岩石 坑径 1500mm 以内 坑深 5m 以内	m^3	按地质资料分层计算土石方量，分层土质底部至地面的高度作为坑深套用定额子目
	YX2－159	挖孔基础人工挖方（或爆破）岩石 坑径 2000mm 以内 坑深 5m 以内	m^3	
1.2.5		挖孔基础机械挖方		
	YX2－189	挖孔基础机械挖方 普通土、坚土 孔深 6m 以内 孔径 1.0m 以内	m^3	注意：此定额机械已按履带式旋挖钻机计列费用
1.3		基础砌筑		
1.3.1		现浇基础		
1.3.1.1		钢筋加工及制作		
	YX3－43	一般钢筋加工及制作	t	设计净用量，不含加工制作、安装过程中的损耗量，不包括热镀锌

续表

序号	参照定额	项目名称及规格	单位	注意事项
1.3.1.2		混凝土搅拌及浇制		
	YX3－61	基础垫层 素混凝土垫层 每基混凝土量 10m³ 以内	m³	垫层石子按垫层体积计算。混凝土量计算按设计图示尺寸
	YX3－72	混凝土搅拌及浇制 保护帽	m³	保护帽按设计规定
1.3.1.3		商品混凝土浇制		
	YX3－74	商品混凝土浇制 每个基础混凝土量 5m³ 以内	m³	注意事项：按每腿计算方量，设计提资按每基提工程量时，概算时应将工程量/4
	调 YX3－75×0.9	商品混凝土浇制 每个基础混凝土量 10m³ 以内	m³	无筋基础按有筋基础相应定额乘以系数 0.95，无模板基础按现浇基础定额乘以系数 0.9
		一般钢筋	吨	按信息价计列
	（甲）	地脚螺栓	t	按信息价计列
		混凝土 C15	m³	按信息价计列
		混凝土 C25	m³	按信息价计列
1.3.2		灌注桩基础		不包括基础防沉台、承台、框梁的浇制。如有套用现浇，需搭平台的定额乘以 1.2
1.3.2.1		钢筋加工及制作		
	YX3－44	钢筋笼加工及制作	t	设计净用量，不含加工制作、安装过程中的损耗量，不包括热镀锌

续表

序号	参照定额	项目名称及规格	单位	注意事项
1.3.2.2		机械推钻成孔		按土质、孔深和孔径设置，凡一孔中不同土质，应分层计算
	YX3-115	钻孔灌注桩基础 机械推钻成孔 黏土，孔深 20m 以内 孔径 1.0m 以内	m	1. 按地质资料分层计算工程量，分层土质底部至地面的高度作为孔深套用定额相应子目。 2. 当灌注桩基础机械推钻成孔的孔径大于 2.2m 时使用趋势外推法计算
	YX3-96	钻孔灌注桩基础 机械推钻成孔 砂土、黏土 孔深 20m 以内 孔径 1.0m 以内	m	注意事项：钢管杆单基为 1 孔
1.3.2.3		桩基础混凝土浇灌：		充盈量：灌注桩 17%，挖孔基础 7%，岩石锚杆 8%，现浇护壁 17%
	YX3-157	钻孔灌注桩基础 桩基础混凝土浇灌 孔深 10m 以内	m^3	加灌量由加灌长度引起，加灌长度按 0.5m 计算
	YX3-158	钻孔灌注桩基础 桩基础混凝土浇灌 孔深 20m 以内	m^3	工程量＝设计量×(1＋充盈量)＋加灌量
	YX3-175	钻孔灌注桩基础 商品混凝土浇制 孔深 10m 以内	m^3	18 版定额新增内容
		钢筋笼	t	按信息价计列
	（甲）	地脚螺栓	t	按信息价计列
		混凝土 C30 灌	m^3	按信息价计列
2		杆塔工程		

续表

序号	参照定额	项目名称及规格	单位	注意事项
2.1		杆塔工程材料工地运输		
2.1.1		钢管杆		钢管杆不计人力运输
	YX1-59	汽车运输 钢管杆 每件重7000kg以内 装卸	t	设计量
	YX1-60	汽车运输 钢管杆 每件重7000kg以内 运输	t.km	
2.1.2		塔材		铁塔用型钢、钢管、联板、螺栓、脚钉、爬梯、避雷器支架计入塔材重量
	YX1-103	汽车运输 角钢塔材 装卸	t	运输重量＝铁塔材料费计重量＋螺栓、垫圈、脚钉材料费计重量×1.01（包装系数）
	YX1-104	汽车运输 角钢塔材 运输	t.km	
2.2		杆塔组立		
2.2.2		铁塔、钢管杆组立		
2.2.2.1		钢管杆组立		按单杆整根、单根分段和每基重量设置定额子目
	YX4-21	钢管杆组立 单杆分段式每基重量10t以内	基	
2.2.2.2		角钢塔组立		按“塔全高”和“每米塔重”设置定额子目，重量为净重量，不包括材料施工损耗

续表

序号	参照定额	项目名称及规格	单位	注 意 事 项
	YX4－42	角钢塔组立 塔全高 30m 以内 每米塔重 400kg 以上	t	设计量
	YX4－44	角钢塔组立 塔全高 50m 以内 每米塔重 200kg 以内	t	设计量
	（甲）	角钢塔	t	工程量＝设计量×（1＋0.5%），按预算价进本体，若有螺栓及脚钉按3%损耗考虑
	（甲）	钢管杆	t	工程量＝设计量，按预算价进本体
3		接地工程		
3.1		接地工程材料工地运输		
		金具、绝缘子、零星钢材		
	YX1－97	汽车运输 金具、绝缘子、零星钢材 装卸	t	
	YX1－98	汽车运输 金具、绝缘子、零星钢材 运输	t. km	
3.2		接地土石方		
		接地槽挖方（或爆破）及回填	m^3	人工挖接地槽土方计算：$V=0.4\times$长度×槽深，如接地装置需加降阻剂时，槽宽可按 0.6m 计算
	YX2－213	接地槽挖方（或爆破）及回填 普通土	m^3	110kV 小于 $40m^3$/基

续表

序号	参照定额	项目名称及规格	单位	注意事项
3.3		接地安装		
		接地安装及测量		
	YX3－203	接地体加工及制作	t	
	YX3－204（205）	一般接地体安装　土（砂石土）	根	垂直接地体安装，适用于钢管和角钢接地极。长度按 2.5m 考虑，若超过 2.5m，乘以系数 1.25。不包括接地极之间的连接
	YX3－206	一般接地体安装 水平接地体敷设	m	石墨、不锈钢水平接地体敷设按“水平接地体敷设”定额乘以系数 0.8
	YX3－210、211	非开挖接地 普通土（松砂石）		
	YX3－213	接地模块	块	
	YX3－214	接地电阻测量	基	
		接地圆钢 ϕ12	t	按信息价计列
		镀锌费	t	含税 2000 元/t
4		架线工程		
4.1		架线工程材料工地运输		
		线材		张力架线不计线材人力运输
	YX1－85	汽车运输 线材 每件重 1000kg 以内 装卸	t	地线工程量＝理论量×1.1

续表

序号	参照定额	项目名称及规格	单位	注意事项
	YX1－86	汽车运输 线材 每件重 1000kg以内 运输	t.km	
	YX1－89	汽车运输 线材 每件重 4000kg以内 装卸	t	导线工程量＝理论量×1.15
	YX1－90	汽车运输 线材 每件重 4000kg以内 运输	t.km	
		金具、绝缘子、零星钢材：		
	YX1－97	汽车运输 金具、绝缘子、零星钢材 装卸	t	
	YX1－98	汽车运输 金具、绝缘子、零星钢材 运输	t.km	
4.2		导地线架设		
4.2.1		牵、张场场地建设		
	YX5－18/19/20	牵、张场场地建设 场地平整 单导线/OPGW、二分裂、四分裂	处	导、地线按6km一处
4.2.2		引绳展放		
	YX5－28	引绳展放 人工展放	km	路径×回路数

续表

序号	参照定额	项目名称及规格	单位	注意事项
	YX5－29	引绳展放 飞行器展放	km	路径×回路数
4.2.3		张力放、紧线		
	YX5－32、33、34、35	张力放、紧线 单根避雷线（钢绞线）良导体 $100mm^2$ 以内（以上）	km	定额按单根计算，区分钢绞线和良导体
	YX5－40	张力放、紧线 导线 $400mm^2$ 以内	km/三相	按截面和分裂数设置，按路径计算架线长度
	YX5－44	张力放、紧线 导线 2×$300mm^2$ 以内	km/三相	按截面和分裂数设置，按路径计算架线长度
	调 YX5－45 R×1.75 C×2 J×1.75	张力放、紧线 导线 2×$400mm^2$ 以内	km/三相	定额按单回考虑，若为双回路，定额人工、机械增加系数 0.75
	（甲）	JLB40－80	t	工程量＝设计量或理论量×(1＋损耗) 0.8%（张力）0.04%（一般），按预算价进本体
	（甲）	GJ－80	t	工程量＝设计量或理论量×(1＋损耗) 0.3%，按预算价进本体
	（甲）	线路 接续管（钢绞线用）JY－80G	件	
	（甲）	线路 接续管（钢芯铝绞线用）JYD－400/35	件	

续表

序号	参照定额	项目名称及规格	单位	注意事项
	（甲）	钢芯铝绞线 JL/G1A 400/35	t	工程量＝设计量或理论量×（1＋损耗）0.8%（张力）0.04%（一般），按预算价进本体
	YX1－89	汽车运输 线材 每件重 4000kg 以内 装卸	t	OPGW 工程量＝理论量×1.2
	YX1－90	汽车运输 线材 每件重 4000kg 以内 运输	t.km	
4.2.4		牵、张场场地建设		
	YX5－18	牵、张场场地建设 场地平整 单导线/OPGW	处	OPGW 按 4km 一处计算
4.2.5		张力放、紧线		
	YX5－30、31	张力放、紧线 OPGW $100mm^2$ 以内（以上）	km	定额按单根计算，若为双 OPGW，路径乘以 2
4.2.6		单盘测量		
	YX5－206	OPGW 单盘测量 芯数 24 以内	盘	按每轴 4km 计算
4.2.7		接续		
	YX5－215	OPGW 接续 芯数 24 以内	头	只计算架空部分的连接头，两端接线盒至机房部分列入电气部分
4.2.8		全程测量		

续表

序号	参照定额	项目名称及规格	单位	注　意　事　项
	YX5－224	OPGW 全程测量 芯数 24 以内	段	
4.2.9		防振锤、间隔棒安装		
	YX6－101	防振锤安装 单导线（避雷线、OPGW）	个	
	（甲）	24 芯 OPGW 光缆（含附件）	km	工程量＝设计量，按 OPGW 17000 元/ADSS 15000 元进本体计算，按信息价计列价差
4.3		导地线跨越架设		
4.3.1		OPGW、导线、避雷线跨越架设		
	YX5－100	跨越一般公路 110kV	处	按双向四车道考虑，六车道 1.2，八车道 1.6
	调 YX5－109×1.2	跨越高速公路 110kV	处	按双向四车道考虑，六车道 1.2，八车道 1.6
	YX5－126	110kV 跨越电力线 10kV	处	
	YX5－127	110kV 跨越电力线 35kV	处	
	YX5－128×0.75	110kV 跨越电力线 110kV	处	穿越电力线，根据被穿越线路电压等级，按“跨越电缆线”定额乘以系数 0.75
	调 YX5－170×0.8	跨越低压、弱电线 110kV	处	跨越土路、经济作物、果园房屋高度 10m 以下，定额乘以系数 0.8。果园、经济作物按 60m 为一处。房屋高度超 10m，定额乘以系数 1.5

续表

序号	参照定额	项目名称及规格	单位	注意事项
	YX5-170	跨越低压、弱电线 110kV	处	
	YX5-181	张力架线 跨越河流 河宽50m以内	处	适用于有水的河流的一般跨越。架线期间，人能涉水而过或正值干涸均不作为跨越河流计列
	调 YX5-100R×1.5 C×1.1 J×1.5	跨越一般公路 220kV	处	双回路时，定额人工、机械乘以系数1.5，材料乘以系数1.1
	调 YX5-170 R×1.3 C×0.9 J×1.3	跨越低压、弱电线 220kV	处	双回路时，定额人工、机械乘以系数1.5，材料乘以系数1.1；跨越土路、经济作物、果园房屋高度10m以下，定额乘以系数0.8
4.3.2		带电跨越电力线措施		
	YX5-185	带电跨越电力线措施 被跨线电压等级 10kV	处	被跨电力线为多回路时，定额乘以系数：双回1.5，三、四回路1.75，五、六回路2。单根线（避雷线、OPGW）跨越架设，定额乘以系数10%。35kV及以上线路不计带电跨越措施费
5		附件安装工程		同塔非同时架设下一回路或临近有带电线路，后续架线时的定额人工、机械乘以系数1.1
5.1		附件安装工程材料工地运输		

续表

序号	参照定额	项目名称及规格	单位	注意事项
	YX1－97	汽车运输 金具、绝缘子、零星钢材 装卸	t	
	YX1－98	汽车运输 金具、绝缘子、零星钢材 运输	t. km	
5.2		绝缘子串及金具安装		
5.2.1		耐张绝缘子串及金具安装		
5.2.1.1		耐张转角杆塔导线挂线及绝缘子串安装		按电压等级、导线分裂数设置定额子目
	YX6－2	耐张转角杆塔导线挂线及绝缘子串安装 110kV 单导线	组	耐张塔的单侧单相导线挂线及绝缘子串为一组，耐张塔数量×6（单回）×12（双回）。注意事项：设计量可能包含试验用数量（一般情况 6 组），概算计算工程量时要扣除试验数量，试验用数量只计材料费。有电缆终端塔时，要扣除 3 组/基
5.2.1.2		导线缠绕铝包带线夹安装		按电压等级、导线分裂数设置定额子目，铝包带不计材料费，已包含在定额中
	YX6－59	导线缠绕铝包带线夹安装直线（直线换位、直线转角）杆塔 110kV 单导线	单相	直线塔数量×3（单回）×6（双回）
5.2.1.3		均压环、屏蔽环安装		按电压等级和杆塔型式（直线、耐张）设置定额子目

续表

序号	参照定额	项目名称及规格	单位	注意事项
	YX6－93/94	均压环、屏蔽环安装 500kV 直线/耐张		与 2013 版定额不同，新定额增加 220kV 及以下安装定额 YX6－89/90
5.2.1.4		防振锤、间隔棒安装		
	调 YX6－101×1.2	防振锤安装 单导线（避雷线、OPGW）	个	按导线分裂数设置定额子目，防振锤安装时需缠绕预绞丝的，定额×1.2
5.2.1.5		重锤安装		按重锤重量设置定额子目
	YX6－118	重锤安装 60kg 以内	单相	
	YX6－119	重锤安装 100kg 以内	单相	
5.2.1.6		跳线制作及安装		按电压等级、导线分裂数设置定额子目，未包括跳线串悬挂工作
	YX6－153	软跳线制作及安装 单导线 110kV	单相	注意事项：耐张、转角塔单回每基 3 相，双回 6 相，该定额工程量与跳线串材料量有区别
	（甲）	导线耐张合成绝缘子串	串	
	（甲）	地线构架耐张串	串	
	（甲）	地线用盘形悬式瓷绝缘子	只	
	（甲）	地线耐张金具串	串	
	（甲）	导线跳线合成绝缘子串	串	
	（甲）	线路电瓷 合成绝缘子	只	
	（甲）	线路 防振锤	件	

续表

序号	参照定额	项目名称及规格	单位	注意事项
	（甲）	线路　重锤及附件（重锤座）	件	
5.2.2		悬垂绝缘子串及金具安装		
5.2.2.1		直线（直线换位、直线转角）杆塔绝缘子串悬挂安装		按电压等级、绝缘子串配置型式设置定额子目
	YX6－23	直线（直线换位、直线转角）杆塔绝缘子串悬挂安装 110kV Ⅰ型单联串	串	直线塔数量×3（单回）×6（双回）
	YX6－24	直线（直线换位、直线转角）杆塔绝缘子串悬挂安装 110kV Ⅰ型双联串	串	直线塔数量×3（单回）×6（双回）
5.2.2.2		导线缠绕铝包带线夹安装		按电压等级、导线分裂数设置定额子目，铝包带不计材料费，已包含在定额中
	YX6－59	导线缠绕铝包带线夹安装 直线（直线换位、直线转角）杆塔 110kV 单导线	单相	直线塔数量×3（单回）×6（双回）
	YX6－62	导线缠绕铝包带线夹安装 直线（直线换位、直线转角）杆塔 220kV 双分裂	单相	
	（甲）	导线悬垂合成绝缘子串	串	

续表

序号	参照定额	项目名称及规格	单位	注意事项
	（甲）	线路电瓷 合成绝缘子	只	
	（甲）	导线悬垂合成绝缘子串	串	
	（甲）	地线悬垂金具串	串	
	（甲）	线路电瓷 合成绝缘子	只	
6		辅助工程		
6.1		路床整形		
	调 YX7－1×1.7	施工道路 路床整形	m^2	考虑施工道路的拆除清理，定额人工、机械乘以系数 0.7
6.2		防鸟装置安装		
	YX7－28	防鸟刺安装	个	
6.3		耐张线夹 X 射线探伤		
	YX7－122	耐张线夹 X 射线探伤 单导线	基	单回路每基单侧为 1 基
6.4		杆塔标志牌安装		
	YX7－27	杆塔标志牌安装	块	
6.5		在线监测装置		
	YX7－42	蓄电池安装调测	套	
	YX7－46	数据采集器 杆塔	个	

续表

序号	参照定额	项目名称及规格	单位	注意事项
	YX7-48	系统联调	系统	
6.6		护坡、挡土墙及排洪沟砌筑		土石方工程套用排水沟挖方定额
6.6.1		砂、石、石灰、水泥、砖、土、水、降阻剂		
	YX1-107	汽车运输 其他建筑安装材料 装卸	t	
	YX1-108	汽车运输 其他建筑安装材料 运输	t.km	
6.6.2		排水沟挖方		
	YX2-225	排水沟挖方 岩石 人工开凿	m^3	
6.6.3		护坡、挡土墙及排洪沟砌筑		工程量按设计图示实砌体积计算
	YX7-18	排洪沟砌筑 浆砌	m^3	
	YX7-22	护坡、挡土墙砌筑 锥形浆砌	m^3	
6.7		输、送电线路试运		
		输电线路试运行		同塔同时架设多回线路时，增加的回路按定额乘以系数 0.7
	YX7-127	输电线路试运 110kV	回	
7		通信线路工程		
		线材		采用 ADSS 套用通信线路定额，OPGW 计入导地线架设部分

附录E 线路工程其他费用审查表

序号	工程或费用项目名称	编制依据及计算说明
1	建设场地征用及清理费	
1.1	土地征用费	单回路110kV、220kV、500kV分别按后续专题计算面积计列，征地单价参照片区地价；若设计有塔型明细和根开等资料按提资计算
1.2	施工场地租用费	材料站按照线路路径长度20km一处设置，10万元/处计列；牵张场按照导线6km，OPGW4km一处设置，单价分别是3000元/处、5000元/处
1.3	迁移补偿费	
1.4	余物清理费	新建直接费×55%（能利用）、38%（不能利用）
1.5	输电线路走廊清理费	路径走廊长度×宽度+机械化施工青苗赔偿，单价按照2100元/亩（石家庄除外）；110kV、220kV、500kV线路分宽度别按照4.5m、6m、8m计列
1.6	输电线路跨越补偿费	提供计列依据
1.7	通信设施防输电线路干扰措施费	跨越措施中有通信线路时计列
1.8	水土保持补偿费	
2	项目建设管理费	

续表

序号	工程或费用项目名称	编制依据及计算说明
2.1	项目法人管理费	（建筑工程费＋安装工程费）×费率，330kV 及以下 1.17；500kV 的 0.95
2.2	招标费	安装工程费×费率，220kV 及以下 0.28；500kV 的 0.16
2.3	工程监理费	参照办基建〔2015〕100 号文执行，路径长度×费率
2.4	设备材料监造费	一般不计列
2.5	施工过程造价咨询及竣工结算审核费	（建筑工程费＋安装工程费）×费率，220kV 及以下的 0.47，500kV 的 0.4
2.6	工程保险费	一般不计列
3	项目建设技术服务费	
3.1	项目前期工作费	可研阶段参照（办基建〔2015〕100 号）执行，初设阶段按照合同金额据实计列
3.2	知识产权转让与研究试验费	根据实际情况计列，如计列需提供支撑性依据
3.3	勘察设计费	
3.3.1	勘察费	可研阶段执行（国家电网电定〔2014〕19 号），初设阶段按照合同金额据实计列
3.3.2	设计费	可研阶段执行（国家电网电定〔2014〕19 号），初设阶段按照合同金额据实计列
3.4	设计文件评审费	
3.4.1	可行性研究设计文件评审费	按照预规要求计列
3.4.2	初步设计文件评审费	按照预规要求计列

续表

序号	工程或费用项目名称	编制依据及计算说明
3.4.3	施工图文件审查费	按照预规要求计列
3.5	项目后评价费	一般不计列
3.6	工程建设检测费	
3.6.1	电力工程质量检测费	（建筑工程费＋安装工程费）×0.22％
3.6.2	特种装备安全检测费	一般不计列
3.6.3	环境监测验收费	根据实际情况计列，如计列需提供支撑性依据
3.6.4	水土保持项目验收及补偿费	根据实际情况计列，如计列需提供支撑性依据
3.6.5	桩基检测费	500元/根
4	生产准备费	
4.1	管理车辆购置费	一般不计列
4.2	工器具及办公家具购置费	（建筑工程费＋安装工程费）×费率，220kV及以下的0.21，500kV的0.15
4.3	生产职工培训及提前进场费	一般不计列
5	大件运输措施费	一般不计列
6	基本预备费	可研阶段线路工程各电压等级均按照2％计列，初设阶段1.5％